◎ 张侨 耿晓武 刘惠民 主编 ◎ 李小兵 封泉香 副主编

U0650800

Photoshop
实战应用
微课视频教程 全彩版

人民邮电出版社

北 京

图书在版编目（ＣＩＰ）数据

Photoshop实战应用微课视频教程：全彩版 / 张侨，
耿晓武，刘惠民主编. -- 北京：人民邮电出版社，
2017.4（2019.9重印）
ISBN 978-7-115-43494-4

Ⅰ. ①P… Ⅱ. ①张… ②耿… ③刘… Ⅲ. ①图象处
理软件—教材 Ⅳ. ①TP391.413

中国版本图书馆CIP数据核字(2016)第208008号

内 容 提 要

本书以实战案例的形式介绍了 Photoshop 的基础操作和商业应用，分为基础篇、技能篇和应用篇，分别讲解 Photoshop 基础操作、进阶技能和行业典型应用综合案例。基础篇包括 Photoshop 基础入门、位图修饰、矢量绘图；技能篇包括图像调整、图层、通道；应用篇包括图像处理、名片设计、海报设计、DM 与电商页面设计。本书案例专业、丰富，内容安排由易到难，适合边学边练。配套微课讲解视频，读者可扫书中二维码或登录微课云课堂观看。

本书适合作为高等院校、职业院校 Photoshop 课程的教材，也可供广大读者自学参考。

◆ 主　　编　张　侨　耿晓武　刘惠民
　　副 主 编　李小兵　封泉香
　　责任编辑　桑　珊
　　责任印制　焦志炜

◆ 人民邮电出版社出版发行　　北京市丰台区成寿寺路 11 号
　　邮编　100164　　电子邮件　315@ptpress.com.cn
　　网址　http://www.ptpress.com.cn
　　临西县阅读时光印刷有限公司印刷

◆ 开本：787×1092　1/16
　　印张：14.75　　　　　　　　　　2017 年 4 月第 1 版
　　字数：249 千字　　　　　　　　2019 年 9 月河北第 3 次印刷

定价：69.80 元（附光盘）

读者服务热线：**(010)81055256**　印装质量热线：**(010)81055316**
反盗版热线：**(010)81055315**

为什么要学Photoshop

　　随着各种数码产品和移动终端的不断发展和全面普及，图像后期处理的应用越来越广泛，Photoshop不仅可以实现照片的"美颜"功能，还可以进行更专业的后期处理，在摄影后期、平面设计、特效合成、三维效果图后期处理、电子商务网站设计等领域施展拳脚。全民"PS"时代已经来临。

使用本书，3步学会Photoshop

STEP *1* 章首页图文快速理解基本原理和该章要点。

章节内容概述　　　　章节内容要点

CHAPTER *2*

位图修饰

在使用Photoshop软件进行图像处理与编辑时，除了需要创建精确的选区以外，还需要使用专业的修饰工具。通过简单的修饰工具就可以实现图像质量的明显提升。本章主要介绍位图的修饰。

本|章|要|点
- 使用画笔类工具修饰图像
- 使用填充类工具修饰图像
- 使用滤镜修饰图像

操作效果直观显示

STEP *2* 大量实际案例，训练核心功能

技巧分享

实战案例

STEP *3* 综合实战，感受真实商业项目制作过程

平台支撑，免费赠送资源

- 全部案例源文件、素材、最终文件（见随书光盘，云盘下载地址：pan.baidu.com/s/1i5HofjB）
- 全书PPT教案（登录人邮教育社区www.ryjiaoyu.com，免费下载）
- 高清视频教程（登录微课云课堂免费观看）
- "微课云课堂"近50000个微课视频一年免费学习权限
- 微信平台交流互动

"微课云课堂"目前包含近50000个微课视频，在资源展现上分为"微课云""云课堂"两种形式。"微课云"是该平台中所有微课的集中展示区，用户可随需选择；"云课堂"是在现有微课云的基础上，为用户组建的推荐课程群，用户可以在"云课堂"中按推荐的课程进行系统化学习，或者将"微课云"中的内容进行自由组合，定制符合自己需求的课程。

"微课云课堂"主要特点

微课资源海量，持续不断更新："微课云课堂"充分利用了出版社在信息技术领域的优势，以人民邮电出版社60多年的发展积累为基础，将资源经过分类、整理、加工以及微课化之后提供给用户。

资源精心分类，方便自主学习："微课云课堂"相当于一个庞大的微课视频资源库，按照门类进行一级和二级分类，以及难度等级分类，不同专业、不同层次的用户均可以在平台中搜索自己需要或者感兴趣的内容资源。

多终端自适应，碎片化移动化：绝大部分微课时长不超过十分钟，可以满足读者碎片化学习的需要；平台支持多终端自适应显示，除了在PC端使用外，用户还可以在移动端随心所欲地进行学习。

"微课云课堂"使用方法

扫描封面上的二维码或者直接登录"微课云课堂"（www.ryweike.com）→用手机号码注册→在用户中心输入本书激活码（e6bd3e26），将本书包含的微课资源添加到个人账户，获取永久在线观看本课程微课视频的权限。

此外，购买本书的读者还将获得一年期价值168元VIP会员资格，可免费学习50 000个微课视频。

本书由张侨、耿晓武、刘惠民任主编，李小兵、封泉香任副主编，参与编写的还有柯秀文和翟玉梅。

编者

2016年8月

CONTENTS 目录

基础篇

CHAPTER 1

Photoshop 基础入门

CHAPTER 2

位图修饰

CHAPTER **3**

矢量绘图

技能篇

CHAPTER **6**

通道

应用篇

CHAPTER 7

图像处理

基础篇

CHAPTER 1

Photoshop
基础入门

图像合成

Photoshop软件从产生发展到今天，已经在各个设计行业和图像处理等领域占据了非常重要的地位，提起软件名称无人不知，无人不晓，具体到软件应用，有的人却只是一知半解。对于初次接触软件的读者来讲，如何最简单、最迅速、最标准地学会这个流行的软件，将是本书的讲解思路。

本 | 章 | 要 | 点

- 应用领域与认识
- 必看的理论知识
- 选区创建与编辑
- 图像裁剪与移动

修图和特效

1.1 应用领域与认识

　　1987年秋，美国密歇根大学博士研究生Thomas Knoll为了解决黑白图像在显示器上的显示问题，而写了一段叫作Display的程序。这就是后来Photoshop软件的雏形。最初的功能主要包括羽化、色彩调整、颜色校正等。后来Adobe公司买下了Photoshop软件的发行权，并于1990年2月，正式推出了Photoshop 1.0。当时的Photoshop只能在苹果机（Mac）上运行，功能也只有工具箱和少量的滤镜，但它的推出却在当时产生了轰动的效应，对整个计算机图像处理领域的发展起到了重要的作用。截至目前最新的Photoshop CC版本，Photoshop历经了26年的发展与更新，已经非常成熟与完善。

1.1.1　应用领域与技术揭秘

　　随着软件功能的发展和应用领域的不断扩大，当今的Photoshop已经在各个领域占据着无可替代的位置。下面就来看看在常见领域中，Photoshop是如何发挥着其强大能量的。

图1-1　摄影后期处理

1. 摄影后期应用

Photoshop产生的根本原因就是要解决图像明暗的调整问题。经过这么多年的发展，它在摄影后期方面的应用，已经达到了出神入化的境界，如图1-1所示。

其操作流程揭秘如图1-2所示。

提亮

脸部修饰
和云雾

水中倒影

图1-2 流程揭秘

2. 平面设计应用

在平面设计工作中，对于页面内容相对较少，图像编辑和调整应用相对较多的情况，可以使用Photoshop软件进行平面设计和排版操作，操作简单，效果直观，如图1-3所示。

图1-3 平面设计排版

其操作流程揭秘如图1-4所示。

图1-4 流程揭秘

刺身八爪魚　タコ刺身
¥58元/份　Octopus sashimi

酢青魚　酢ヘーリング
¥40元/份　Vinegar Herring

冰鲍刺身　アワビの刺身を氷
¥880元/秖　Abalone sashimi ice

匹配文本

图文混排

调整大小
和位置

图1-4　流程揭秘（续）

3. 特效合成应用

　　随着平面设计的不断发展和应用方面的延伸，结合图层蒙版、图层样式和图层混合模式等方面，可以进行不同的特效合成，应用于游戏、电影等的海报设计，如图1-5所示。

图1-5 特效合成

　　其操作流程揭秘如图1-6所示。

图1-6 流程揭秘

4. 效果图后期处理应用

　　独特的色彩和明暗调节方式，方便的图层混合操作，让Photoshop软件在室内、外效果图和产品设计效果图的后期处理方面发挥了极大的作用，如图1-7所示。发挥每个软件擅长的方面，协调合作才能更高效地设计出好作品。

图1-7 效果图后期处理

其操作流程揭秘如图1-8所示。

图1-8 流程揭秘

1.1.2 认识软件界面

"工欲善其事，必先利其器"，学习软件时，需要了解和认识它的基本界面，以便在以后经常见面的时候，不感到陌生。

Photoshop软件界面分为程序界面和文件窗口，如图1-9所示。

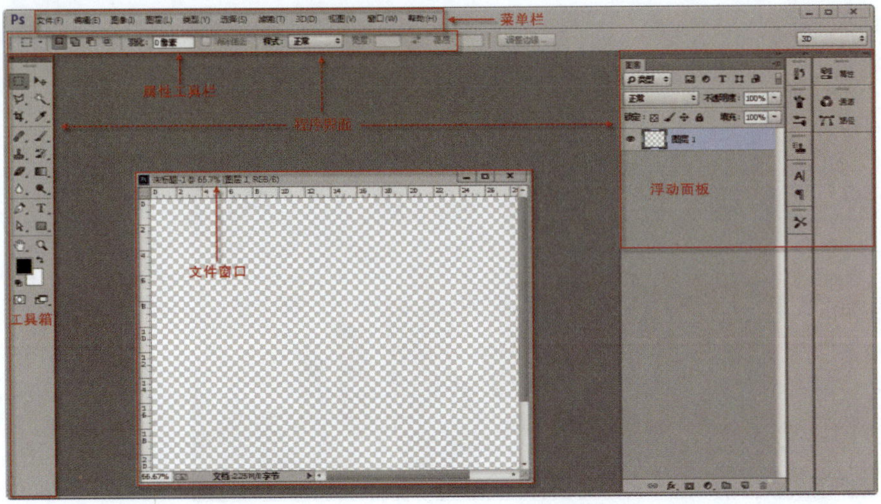

图1-9 软件界面

1. 程序界面

程序界面是直接启动Photoshop软件时，显示的用户界面。它包括菜单栏、属性工具栏、工具箱和浮动面板4部分。

• **菜单栏**：位于界面的上方，包括文件、编辑、图像、图层、类型、选择、滤镜、3D、视图、窗口、帮助等菜单。

• **属性工具栏**：用于显示当前选择工具的基本属性，通常情况下，选择要使用的工具后，在属性栏中，设置工具的基本参数，然后在当前页面中进行操作。

• **工具箱**：通过左上方的"◀◀"按钮，可以调整工具箱是否分列显示，它集成了PS软件中的常用工具，通过中间的"灰线"进行分组，工具图标右下角有三角符号时，单击鼠标右键或按住左键不放时，显示当前工具的所有内容。

• **浮动面板**：包括图层、通道、路径、历史记录等常见浮动面板，可以根据需要将浮动面板进行自由组合，通常将常用面板组合到可以用快捷键显示的浮动面板中，如图层面板快捷键为【F7】，可以将通道、路径、历史记录等面板，与图层面板组合到一起，通过【F7】键，可以方便地控制其显示与隐藏。按【Shift】+【Tab】组合键，可以控制整个浮动面板的显示与隐藏操作。

2. 文件窗口

文件窗口跟着当前打开或新建的文件一起显示，在文件窗口上方，显示当前文件的文件名、扩展名（文件格式）、显示比例、色彩模式和位深等基本信息。

1.2 必看的理论知识

为了更好地学习和使用Photoshop软件，需要掌握必要的图像和Photoshop软件的理论知识。对于使用软件操作来讲，实践固然重要，但仍需要在一定的理论知识指导下进行。就如同驾驶汽车，熟练的动手操作固然重要，但需要在一定的交通规则的指导下进行，否则后果不堪设想。

1.2.1 位图与矢量图

平面设计软件按照工作方式与原理不同，生成或处理的文件类型可以分为位图和矢量图。

1. 位图

位图也称栅格图像，是由像素构成的。每个像素被分配到一个特定的位置和颜色值。位图可以很好地反映图像明暗的变化、复杂的场景和颜色。它的特点是能表现逼真的图像效果，但文件比较大，并且图像在缩放时清晰度会降低并出现锯齿，如图1-10所示。

图1-10 位图和位图放大显示

2. 矢量图

矢量图也称向量图，使用直线和曲线来描述图形，这些图形的元素是一些点、线、矩形、多边形、圆和弧线等。它们都是通过数学公式计算获得的，所以矢量图形文件一般较小。矢量图形的优点是无论放大、缩小或旋转等都不会失真；缺点是难以表现色彩层次丰富、逼真的图像效果，而且显示矢量图也需要花费一些时间。矢量图形主要用于插图、文字和可以自由缩放的徽标等图形，如图1-11所示。

图1-11 矢量图和矢量图放大显示

1.2.2 像素与分辨率

1. 像素

像素是构成位图的最基本单位，位图由许多个大小相同的像素沿水平方向和垂直方向按统一的矩阵整齐排列而成。每个像素形状为矩形，可根据实际需要进行缩放。一个像素只有一个固定的颜色。如果要制作渐变的色带效果，像素不够是肯定实现不了的。

2. 分辨率

在不同的图形、图像、文字等描述中，分辨率是一个被误解、混用得最多的概念之一。这是因为这个词能适用于各种不同的场合，而每个场合都有各自特定的含义。分辨率根据不同的使用场合，分为设备分辨率、图像分辨率和输出分辨率。

- **设备分辨率：** 即常见的支持图像生成或显示的设备屏幕分辨率，是指构成该显示设备的水平像素和垂直像素的个数，如显示器的屏幕分辨率为1920像素×1080像素。
- **图像分辨率：** 即图像中单位面积内像素的个数，是指每英寸长度单位内能够容纳像素的多少。它用"像素/英寸"（pixels/inch）即ppi表示。例如，分辨率为72 ppi，即在2.54 cm×2.54 cm（1英寸=2.54 cm）区域内，有72个像素。在相同尺寸内，像素数目越多，分辨率越高，图像越细腻，越清晰。
- **输出分辨率：** 是指打印机或者输出设备的输出分辨率，单位是dpi（dot per inch）。所谓最高分辨率就是指打印机或输出设备所能输出的最大分辨率，也就是所说的输出的极限分辨率。输出的分辨率与制作文件的尺寸大小、精度等参数有关。例如，印刷分辨率为300 dpi，喷绘1~30 m^2，分辨率为45 dpi。写真的分辨率一般为72 dpi。

1.2.3 文件格式

强大的Photoshop软件，支持非常多的图像格式，这为图像的后期处理提供了广阔的空间。不同的文件格式具有不同的特点和使用方式，对于设计师们来讲，需要了解不同格式的特点，方便满足不同的输出要求。

1. PSD

PSD是Photoshop软件默认的图像存储格式，该文件格式可以保存Photoshop软件中的图层、通道、路径等重要信息，方便文件存储后的再次编辑，PSD文件可以存储成RGB或CMYK图像模式，还能够自定义颜色数量并加以存储。

2. JPG

JPG全称为JPEG，是目前为止最为流行的一种图像文件格式。JPG是一种有损压缩的图像格式，不适合存储为印刷的文件。可以提高或降低JPG文件压缩的级别。该文件格式可在10:1到20:1 的比率下轻松地压缩文件，而图片质量不会下降。

3. TIFF

TIFF简称为TIF，是一种可以在不同的平台（如Mac OS和PC）之间传递的文件格式。TIF格式可以制作质量非常高的图像，因此，经常用作出版印刷前保存的文件格式。它可以显示上百万种颜色，通常用于比GIF或JPEG格式更大的图像文件。

4. GIF

GIF原义是"图像交换格式"，支持连续色调和无损压缩，支持动画和透明背景图像，是网页中动画的常用保存格式。

5. RAW

RAW图像就是CMOS或者CCD图像感应器将捕捉到的光源信号转化成的数字信号的原始数据。RAW文件是一种记录了数码相机传感器的原始信息，同时记录了由相机拍摄所产生的一些原始数据（Metadata，如ISO的设置、快门速度、光圈值、白平衡等）的文件。RAW是未经处理，也未经压缩的格式，可以把RAW概念化为"原始图像编码数据"或更形象地称为"数字底片"。不同的相机厂家定义的RAW格式有所不同，如佳能相机的为CRW，尼康相机的为NEF等。它是摄影爱好者们比较喜欢的一种文件格式。

1.3 创建与编辑选区

在Photoshop软件中，当需要对图像进行局部编辑时，需要建立选区。因此，选区的创建与编辑，将是本章的核心内容。

1.3.1 创建选区

在Photoshop软件中，可以生成选区的工具包括工具箱中的选框、套索、魔棒等工具，还包括色彩范围、通道等方式。在此，先介绍工具箱中的选区创建工具，在后面的章节中再对其他选区创建方式进行讲解。

1. 选框工具：【M】

选框工具分为矩形选框工具、椭圆选框工具、单行选框工具和单列选框工具4种，通常用于绘制规则选区，单击鼠标右键或长按鼠标左键可以全部显示，如图1-12所示。

选择相应的选框工具，在当前页面中，单击鼠标并按住左键进行拖动，到合适位置时，松开鼠标左键，完成选区的创建，此时，光标置于选区内部时，呈现样式变化，单击左键并拖动鼠标，可以实现选区的移动操作，如图1-13所示。

图1-12 选框工具

🖊 **技巧分享**

在使用矩形/椭圆选框工具时，按住【Shift】键，可以限制选区等比例调整，按住【Alt】键，可以限制选区以鼠标单击点为中心对称，同时按住【Shift】+【Alt】组合键时，可以创建以鼠标单击点为中心的正方形/圆形选区。通过属性栏中的"样式"，可以设置绘制选框的尺寸和比例。

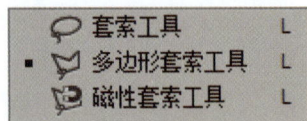

图1-13 选区移动

图1-14 套索工具

2. 套索工具：【L】

套索工具分为套索工具、多边形套索工具和磁性套索工具，方便生成不规则的选区，如图1-14所示。

- **套索工具：** 选择套索工具后，在页面中单击鼠标左键并拖动，松开左键时，自动进行选区的首尾闭合，用于绘制任意的选区，平时应用较少。
- **多边形套索工具：** 适用于建立与边缘闭合的图像选区。

通过依次单击多边形的角点创建选区，需要闭合时，双击鼠标左键，完成选区闭合，如图1-15所示。

多边形定位点可以在画布区域

图1-15 多边形选区

• **磁性套索工具：**根据鼠标经过区域边缘颜色的对比，自动生成选区，适用于建立边缘对比明显的图像选区。

单击选择工具箱中的"磁性套索工具"，在图像中单击鼠标左键，松开左键，沿对比明显的区域拖动鼠标，自动生成定位点，鼠标经过转角位置自动定位不合适时，按键盘中的【Delete】键，删除定位点后再重新定位，也可以单击鼠标左键强制进行定位，如图1-16所示。

图1-16 磁性套索工具建立的选区

3. 魔棒工具：【W】

该工具组分为魔棒工具和快速选择工具，用于快速建立与单击点颜色相近的选区。

⑴ **魔棒工具**

参数说明如下。

📋 **实战案例**

创建多边形选区

素材所在位置：
第1章 / 创建多边形选区.jpg

01.创建多边形选区

📋 **实战案例**

选择图片中颜色对比明显的区域

素材所在位置：
第1章 / 磁性套索.jpg

02.选择图片中颜色对比明显的区域

🖊 **技巧分享**

在使用磁性套索工具建立选区时，遇到图像边界时，可以在按住【Alt】键的同时，单击左键，磁性套索工具会临时切换到多边形套索工具，松开【Alt】键后，再次单击左键，当前工具会自动返回到磁性套索工具。若当前为多边形套索工具，按住【Alt】键，多边形套索工具会临时切换到套索工具。

- **容差：** 用于控制生成选区与单击点颜色相近的程度，默认为32，参数范围为0～255，值越小，生成选区与单击点颜色的相近程度越高。
- **连续：** 不选中该参数时，当前页面中只要与单击点颜色相近的区域，一起被选中并生成选区，选中该参数时，则只选择与单击点颜色相近的连续区域，如图1-17所示。

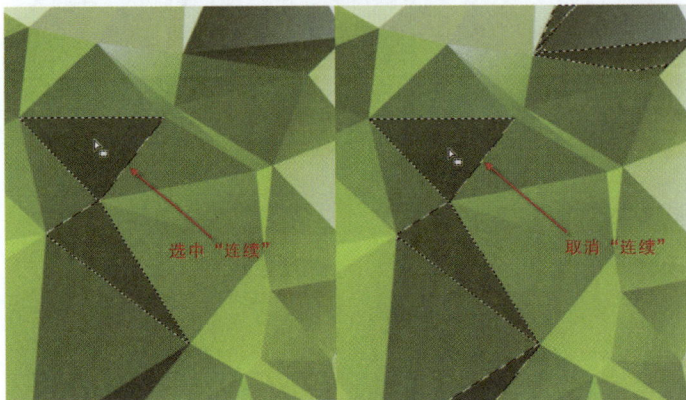

图1-17 相同"容差"参数下，连续与不连续区别

(2) **快速选择工具**

在"魔棒工具"功能的基础上，用于快速选择与鼠标拖动位置或单击点颜色相近的区域，类似于在按住【Shift】键的前提下，使用"魔棒工具"。其操作简单，在此不再赘述。

1.3.2　编辑选区

在已经创建选区的前提下，需要对当前选区进行基本的编辑操作，常见的编辑操作有增加选区、减少选区、反向选择、取消选区等。

1. 基础编辑

- **添加选区：** 在已经存在选区的前提下，按住【Shift】键或单击属性工具栏中的 ⊡ 按钮，可以执行添加选区的操作。
- **减少选区：** 在已经存在选区的前提下，按住【Alt】键或单击属性工具栏中的 ⊡ 按钮，可以行执行减少选区的操作。
- **选区交叉：** 在已经存在选区的前提下，按住【Shift】+【Alt】组合键或单击属性工具栏中的 ⊡ 按钮，可以行执行选区交叉的操作。
- **反向选择：** 在已经存在选区的前提下，按【Ctrl】+【Shift】+【I】组合键或执行【选择】菜单/【反向】命令。
- **取消选择：** 在已经存在选区的前提下，按【Ctrl】+【D】组合键或执行【选择】菜单/【取消选择】命令。

- **选区羽化：** 在已经存在选区的前提下，对选区的边缘进行羽化操作，通常使用【Shift】+【F6】组合键进行，选区羽化后，再对选区进行颜色填充时，边缘部分为半透明效果。

- **选区移动：** 在已经存在选区的前提下，光标置于选区内，呈显示时，单击鼠标左键并拖动鼠标，可以进行选区的移动操作。

2. 选区存储与载入

- **存储选区：** 在已经存在选区的前提下，执行【选择】菜单/【存储选区】命令，可以将当前选区自动保存为"Alpha通道"，方便进行选区的计算、载入等操作，也可以直接在"通道"面板中，单击面板左下方的▓按钮，生成"Alpha通道"。

- **载入选区：** 将存储过的选区与当前的选区进行并集、差集和交集运算。执行【选择】菜单/【载入选区】命令，从"通道"列表中选择要进行计算的通道，从"操作"选项中选择要进行运算的方式。

Step *1*

启动软件，按【Ctrl】+【N】组合键，在弹出的界面中，设置长、宽都为600像素，分辨率为72像素/英寸。单击"确定"按钮，单击工具箱下方的前景色设置按钮，选择除黑白颜色之外的其他颜色，按【Alt】+【Delete】组合键，进行前景填充，按【M】键，选择椭圆选框工具，在属性工具栏中选择"固定大小"，设置宽度、高度均为400像素，在页面中单击创建圆形选区，光标置于选区中，单击并拖动鼠标，调节到合适位置，如图1-18所示。

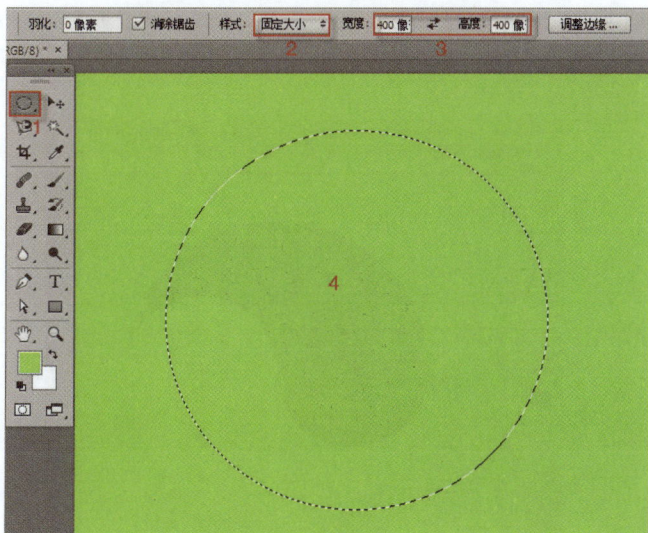

图1-18 创建选区

技巧分享

在进行选区移动时，每按一下键盘中的方向键，可以精确移动1个像素的位置，按住【Shift】键的同时，按方向键，可以精确移动10个像素的位置。

实战案例

绘制太极图案

效果所在位置：

第1章/太极.jpg

03.绘制太极图案

Step 2

按【Ctrl】+【R】组合键，显示标尺，光标置于标尺水平或垂直的位置，单击并向页面中间拖动，移动到圆形中间区域位置时，会自动吸附到圆形中间位置，按【D】键，恢复到默认前黑背白的颜色设置，按【Alt】+【Delete】组合键，填充黑色，选择矩形选框工具，按【Alt】键的同时，减去上面一半的选区，再按【Ctrl】+【Delete】组合键，生成黑白两个半圆形选区，如图1-19所示。

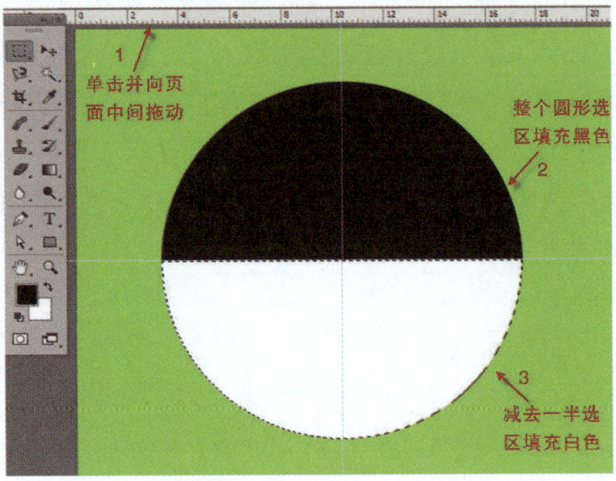

图1-19 填充两种颜色

Step 3

选择椭圆选框工具，将属性栏中的尺寸设置为宽度、高度为200像素，在页面中间单击并调整位置，按【Alt】+【Delete】组合键，填充黑色，移动选区到右侧，按【Ctrl】+【Delete】组合键，填充白色，如图1-20所示。

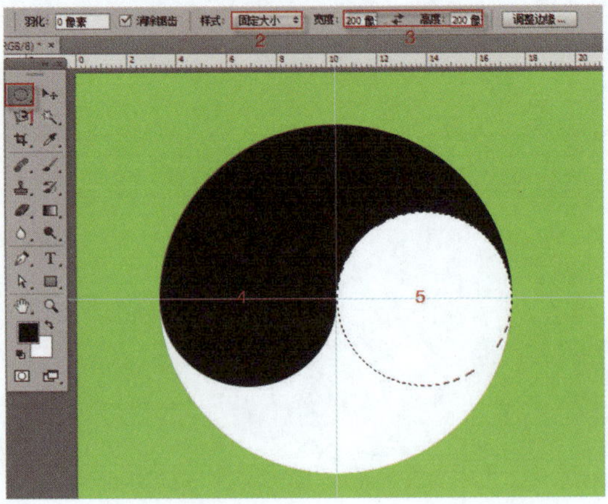

图1-20 填充两个圆

Step *4*

按【Ctrl】+【D】组合键，取消选择，在属性栏中，设置圆形选框宽度、高度均为40像素，在页面中间单击并调整位置，在左侧圆形区域内填充白色，移动到右侧中间白色区域中，填充黑色，按【Ctrl】+【D】组合键，取消选择，完成太极图案的制作，如图1-21所示。

图1-21 太极图案

1.3.3 认识图层

在Photoshop软件中，图层是一个重要的组成部分，也正是因为有了图层，才可以实现分层操作、图层混合模式、图层蒙版、图层样式等操作。在对图像进行编辑或是调节时，若没有建立选区，那么在进行图像编辑或图像调整时，就是针对当前图层进行操作。

图层为透明的电子层，每个图层中的内容默认时相互独立，可以通过混合模式进行像素颜色的垂直计算，实现色彩的千变万化。在此，先介绍图层的基本操作，在后面的章节再介绍图层的高级运用。

1. 图层面板

按【F7】键，显示"图层"面板，如图1-22所示。

2. 图层基本操作

• **新建图层：**在图层面板中，单击右下角的 按钮，也可以直接按【Ctrl】+【Shift】+【N】组合键，实现新建图层的操作。

• **拷贝图层：**在平时进行图像操作时，

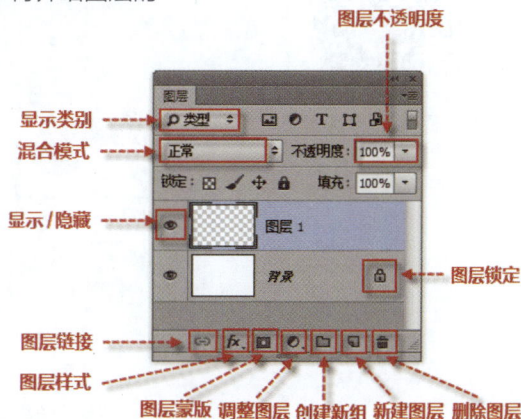

图1-22 图层面板

为了保护原始的背景图像不受编辑的影响而可以还原，通常在文件打开后，直接按【Ctrl】+【J】组合键，实现图层的快速拷贝。

- **图层的显示与隐藏：** 在进行图层编辑时，在图层列表中，可以单击图层缩略图前面的 👁 按钮，实现图层的显示与隐藏操作。
- **图层链接：** 可以同时对选择的多个连续或不连续的图层进行链接，图层链接以后，方便实现图层的移动、对齐等操作。
- **调整图层顺序：** 在图层面板中，可以对除背景层之外的其他图层进行顺序的调整，单击当前操作层并拖动鼠标，移动到合适位置时，松开鼠标左键即可以实现图层顺序的调整。
- **创建新组：** 在进行图层操作时，对于多个相关或是具有相同类别的图层，可以进行"编组"操作，方便进行图层位置更改、查看和编辑等操作。

1.3.4 其他工具

在工具箱列表的第一个分组中，除了创建选区的工具之外，还包括移动工具、裁剪工具组和吸管工具组等内容。在日常的图像编辑操作中，也经常需要使用它们来进行操作。

1. 移动工具：【V】

用于对当前图层或选区中内容进行位置移动，在实际使用时，可以实现内容复制和查询选择内容所在图层的操作。

打开包含多个图层的文件，按【V】键，在属性栏设置参数为"自动选择：图层"，单击选择当前页面中的内容，在图层列表中会自动选择对象所在的图层，如图1-23所示。

图1-23 自动切换对象所在图层

在"移动工具"被选中的前提下，按【Alt】键的同时移动对象可以实现复制操作，如图1-24所示。

移动复制的同时
自动生成新图层，
按住Shift键控制
水平或垂直方向

图1-24 移动复制

2. 裁剪工具组：【C】

裁剪工具组包括裁剪工具、透视裁剪工具、切片工具和切片选择工具等。

裁剪工具，除了可以将图像中多余的画面内容裁剪掉，还可以根据设置的页面尺寸进行剪裁，也经常用于调整倾斜的图像。

打开证件图像，选择工具箱中的"裁剪工具"，在属性工具栏中，选择并设置参数，如图1-25所示。

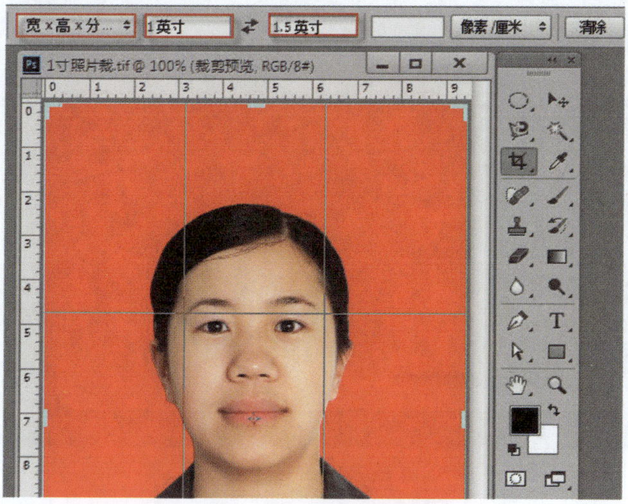

图1-25 属性栏中设置参数

单击属性栏中的✔按钮或单击工具箱中的其他工具，完成1寸照片的固定裁剪。

打开需要调整的图像，选择工具箱中的"裁剪工具"，在属性工具栏中，单击选择"拉直"按钮，在图像中依次单击两点，作为水平或垂直参考点，如图1-26所示。

📋 **实战案例**

固定尺寸照片裁剪

素材所在位置：
第1章/1寸照片.jpg

05.固定尺寸照片裁剪

📋 **实战案例**

调整倾斜图像

素材所在位置：
第1章/倾斜纠正.jpg

06.调整倾斜图像

图1-26 通过两个拉直

单击完第二个参考点时，自动完成图像的倾斜调整，如图
1-27所示。

图1-27 倾斜调整

单击属性栏中的✔按钮，完成倾斜图像的裁剪操作。

打开需要调整透视错误的图像，选择工具箱中的"透视裁剪
工具"，在图像中单击并拖动鼠标，完成透视裁剪的网格布线，
调整透视裁剪参考的控制点，双击鼠标左键或单击属性工具栏中
的✔按钮，完成透视倾斜的调整，如图1-28所示。

📝 **实战案例**

调整透视倾斜

素材所在位置：
第1章/透视.jpg

图1-28 透视裁剪

07.调整透视倾斜

3. 切片工具组

切片工具通常用于解决图像尺寸较大时，在网络传输、显示过慢的问题，也可以根据自己的需要，对图像中不同的区域链接不同的热点地址。

通过切片工具，可以对图像进行无缝裁切，在进行宝贝详情页设计时，对图像执行"切片"操作，可以加快图像在移动终端显示的速度。

选择切片工具，在图像中单击并拖动鼠标，完成手动切割，光标置于标签处，单击鼠标右键，选择"编辑切片选项"命令，在弹出的界面中，输入热点文本、链接网址等内容即可，如图1-29所示。

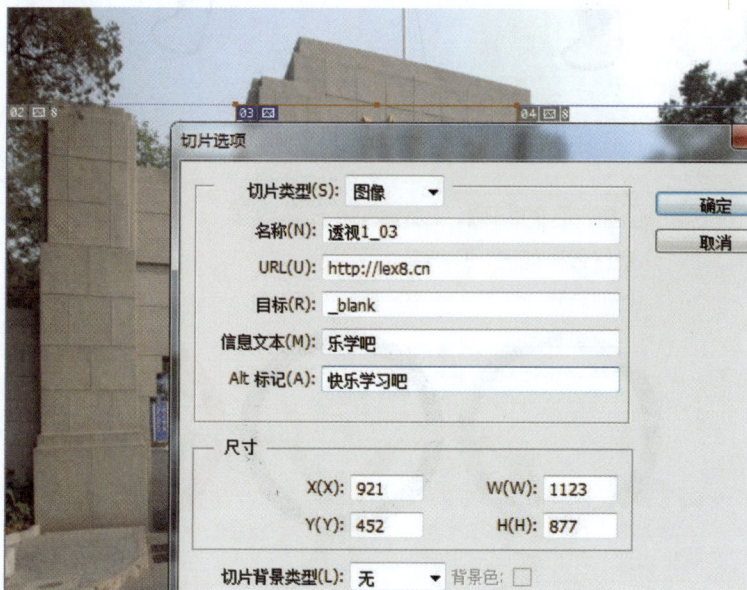

实战案例

将图像切片显示

素材所在位置：
第1章 / 切片.jpg

08.将图像切片显示

图1-29 编辑切片选项

当前图像上传到网页时，光标置于切片区域，会显示Alt标签，单击时，会自动链接打开对应的URL网址。

1.4 实战演练

根据本章介绍和讲解的内容，完成以下练习。

1. 使用套索工具绘制斑点狗

最终效果如图1-30所示。

图1-30 斑点狗

2. 通过选区的编辑，制作奥运五环效果

最终效果如图1-31所示。

图1-31 奥运五环

3. 使用选框工具，绘制图标

最终效果如图1-32所示。

图1-32 微信图标

📋 **实战案例**

使用选框工具绘制图标

11.使用选框工具绘制图标

位图修饰

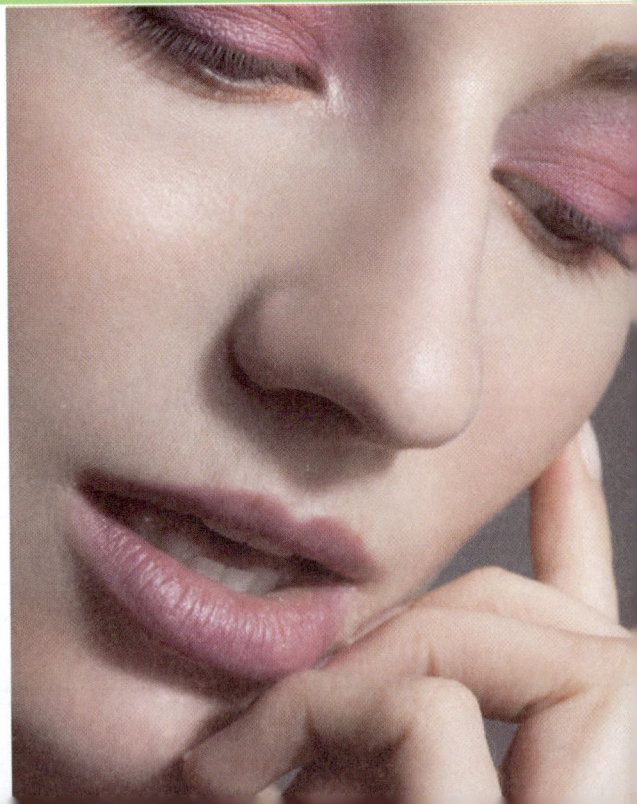

在使用Photoshop软件进行图像处理与编辑时，除了需要创建精确的选区以外，还需要使用专业的修饰工具。通过简单的修饰工具就可以实现图像质量的明显提升。本章主要介绍位图的修饰。

本 | 章 | 要 | 点

- 使用画笔类工具修饰图像
- 使用填充类工具修饰图像
- 使用滤镜修饰图像

2.1 使用画笔类工具修饰图像

画笔类工具位于工具箱中的第二部分，其中以"画笔工具"为核心，在画笔类工具中，其他工具的光标样式与画笔工具相同，单纯从光标的样式，很难确定是哪个工具，其基本的大小调节、硬度调节、样式调节等都与"画笔工具"类似。

2.1.1 画笔工具使用方法

画笔工具通常用于涂抹，根据设置的画笔样式和前景色，在当前图层或选区内进行手动涂抹，方便实现颜色填充或蒙版（通过给图层添加蒙版，方便实现局部编辑）的细化处理。

1. 选择"画笔工具"

选择工具箱中的"画笔工具"或按【B】键，在属性工具栏中选择画笔样式，调节笔刷大小和画笔硬度，也可以直接按【F5】键，从弹出的画笔样式面板中选择，如图2-1所示。

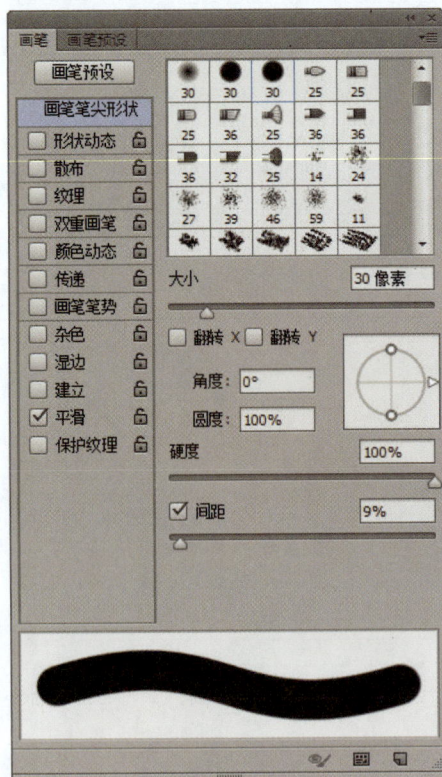

图2-1 画笔面板

✎ 技巧分享

在调节画笔笔刷大小时，按键盘中【［】键，笔刷可以变小，按【］】键，笔刷可以变大。按住【Shift】键的同时按【［】键，笔刷羽化增大，按住【Shift】键的同时按【］】键，笔刷羽化减小。

2. 载入画笔样式

　　选择画笔工具后，单击属性栏中画笔样式后面的▼按钮，单击弹出的下拉列表右上角的 ⚙. 按钮，从中选择需要载入Photoshop软件自身所带的画笔样式，也可以选择"载入画笔"选项，从外部载入"*.ABR"格式的文件，如图2-2所示。

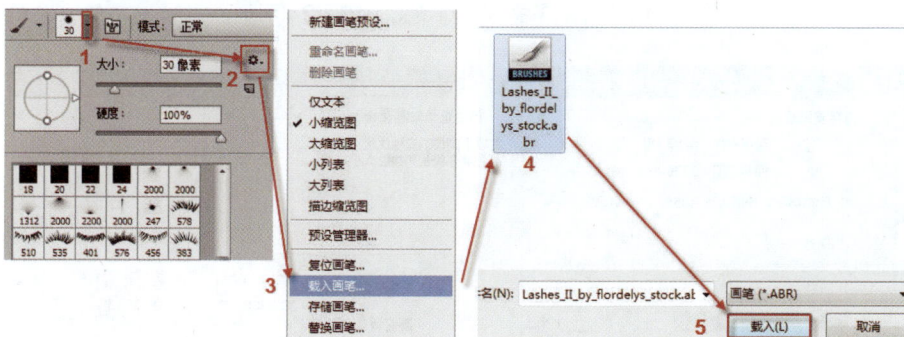

图2-2 载入画笔样式

3. 定义画笔样式

　　绘制定义画笔的基本选区（选区内需要有内容，如颜色），执行【编辑】菜单/【定义画笔预设】命令，在弹出的界面中输入新画笔样式的名称，单击"确定"按钮即可，如图2-3所示。

图2-3 定义画笔样式

　　注：铅笔工具、颜色替换工具和混合器画笔工具由于在日常工作中应用较少，在此不进行图文介绍，在教学视频中有所介绍。

2.1.2 使用历史记录画笔还原局部

　　历史记录类画笔可根据历史记录中快照的内容，在当前页面中进行涂抹，方便进行局部还原，包括普通历史记录画笔工具和历史记录艺术画笔工具两种。历史记录画笔的使用通常与"快照"功能相结合，因此，需要了解历史记录、快照功能后，再学习历史记录画笔的使用。

🖋 **技巧分享**

在定义画笔样式时，选区内对象的颜色需要填充为纯黑色，非纯黑色时，再次使用定义后的画笔样式在页面中涂抹时，生成的颜色效果低于设置的前景色。

1. 历史记录

在Photoshop软件中，简单的撤销与还原已经不能满足软件的操作需要。因此，需要通过历史记录工具对当前文件的每一步操作进行记录，根据实际需要可以进行多次撤销与还原操作，默认时，历史记录会保存20步，可以通过【编辑】菜单/【首选项】/【性能】命令进行设置，如图2-4所示。

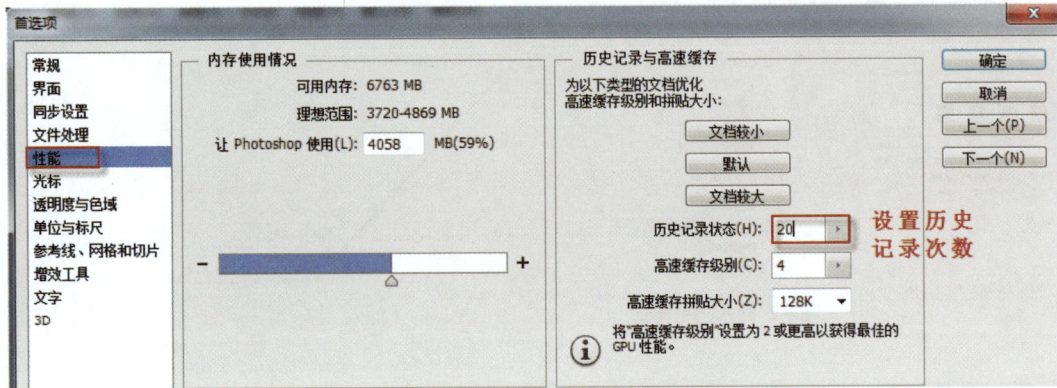

图2-4 更改历史记录次数

2. 快照

在进行实际操作时，由于历史记录的操作占据物理内存，操作次数过多时，影响整个软件的运行速度，因此，历史记录次数也不是设置得越多越好。通过快照的操作，可以把历史记录中到目前为止的状态进行记录，方便还原历史记录状态。

在历史记录面板中，单击底部的 📷 按钮，在历史记录面板上面自动排列保存的快照状态，对于保存的快照可以进行重命名操作，如图2-5所示。

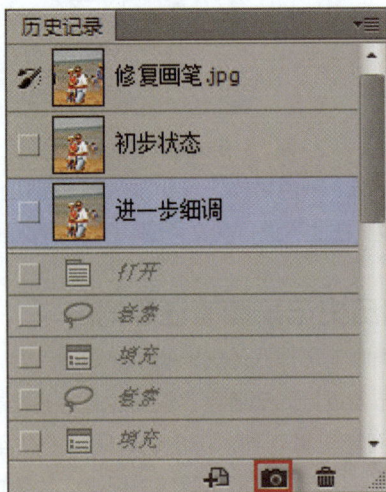

图2-5 快照保存与改名

3. 历史记录画笔工具：【Y】

通过画笔涂抹的方式，将保存到"快照"中的状态在当前光标经过的区域进行还原，方便恢复局部的效果。

Step 1

在历史记录面板中，单击底部的 📷 按钮，将目前为止的操作保存为快照。

Step 2

在工具箱中，选择"历史记录画笔工具"，在历史记录面板中，单击快照前面的状态按钮，选择需要涂抹的快照内容，最后，在前面的页面中单击鼠标左键并进行拖动，完成快照内容的局部还原，如图2-6所示。

实战案例

应用历史记录画笔恢复局部效果

素材所在位置：
第2章 / 历史记录画笔.jpg

12.应用历史记录画笔恢复局部效果

图2-6 历史记录画笔恢复局部效果

注：历史记录艺术画笔工具在平时应用中使用较少，在此不再介绍。

2.1.3 使用修复类工具修饰图像

在画笔工具的前提下，可以通过修复类工具对图像中的部分瑕疵进行快速修复。修复类工具主要包括污点修复画笔工具、修复画笔工具、修补工具、内容感知移动工具和红眼工具5种。

13.使用修复类工具修饰图像

📝 **实战案例**

用污点修复画笔去除人物皮肤上的斑点

素材所在位置：

第2章/污点修复画笔.jpg

1. 污点修复画笔工具：【J】

污点修复画笔工具是目前Photoshop软件中最简单的克隆修饰工具。它可以根据鼠标单击的区域和周围的环境，进行自动图像修复。它通常用于去除人物图像上的斑点，比如旧相片的刮痕或人脸上的瑕疵。

打开需要修复的图像，按【J】键，通过【[】键或【]】键调整污点修复画笔的笔刷大小，单击鼠标左键，系统自动进行匹配修复，如图2-7所示。

图2-7 污点修复画笔去除皮肤斑点

✏️ **技巧分享**

在使用污点修复画笔工具时，需要调整画笔的笔刷大小至略大于需要修复的区域，要想获得更为理想的修复效果，将画笔的硬度降低一些是个不错的选择。

2. 修补工具：【J】

修补工具可以使用其他区域或图案中的像素来修复选中的区域。修补工具会将选区内像素的纹理、光照和阴影等内容与源像素进行匹配，计算出最佳的修复效果。

打开需要进行修补的图像，在工具箱中选择"修补工具"，选中属性栏中的"源"参数，建立需要修复区域的选区，光标置于中间，单击并向周围正确的区域拖动鼠标，完成图像的修补操作，如图2-8所示。

📝 **实战案例**

用修补工具去除多余内容

素材所在位置：

第2章/修补.jpg

✏️ **技巧分享**

属性栏选择状态为"目标"时，在页面中单击并建立完好的区域覆盖需要修补的区域。选择状态为"源"时，在页面中单击并建立需要修复的选区，拖动到附近完好的区域方可实现修补。在使用该工具时，需要注意属性栏中的选择状态。

图2-8 修补工具去除多余内容

3. 内容感知移动工具：【J】

内容感知移动工具是CS6版本中新增加的智能工具，根据设置的属性是扩展（复制）或移动，实现选择内容的复制或是移动操作，由系统自动对选区的边缘进行计算，轻松实现"乾坤大挪移"。

打开需要进行调整的图像，选择工具箱中的"内容感知移动工具"，在属性栏中，将模式设置为"扩展"，建立需要调整对象的选区，单击鼠标左键并拖动到目标区域，松开鼠标左键，系统进行自动分析计算，完成选择区域的复制操作，如图2-9所示。

实战案例

用智能扩展工具复制图像
素材所在位置：
第2章 / 智能对象.jpg

实战案例

用智能移动工具移动图像
素材所在位置：
第2章 / 智能对象.jpg

图2-9 智能扩展

使用与"智能扩展"类似的方法，只是需要将属性栏中的模式更改为"移动"，就可以实现选择内容的智能移动，如图2-10所示。

图2-10 智能移动

📋 **实战案例**

用红眼工具去除人物红眼

素材所在位置：
第2章 / 去除红眼与液化.jpg

4. 红眼工具：【 J 】

　　红眼工具用于修复照片中的红眼问题，现在大部分相机都具备防红眼的功能，因此，红眼工具在平时应用频率相对较低。

　　打开需要去除红眼的图像，在工具箱中选择"红眼工具"，在属性栏中设置瞳孔大小和变暗量参数，在红眼区域单击鼠标左键，自动完成红眼图像的修复，如图2-11所示。

图2-11　去除红眼

　　注：修复画笔的使用方法与仿制图章类似，因此，将修复画笔调整到图章类工具的知识点中进行讲解。

2.1.4　使用图章类工具修饰图像

　　图章类工具包括仿制图章、图案图章两个工具，在实际应用过程中，通常将修复画笔、消失点等工具，也归属于图章类工具的范畴。

14.使用图章类工具
修饰图像

1. 图案图章工具：【 S 】

　　图案图章工具可以根据设置的图案在当前页面中进行涂抹，实现图案的快速填充，通常用于制作图像的水印效果。

📋 **实战案例**

用图案图章工具制作水印效果

素材所在位置：
第2章 / 定义图案.jpg

Step *1*

　　定义图案，打开需要定义图案的图像文件，在工具箱中选择"矩形选框工具"，建立需要定义图案的选区，执行【编辑】菜单/【定义图案】命令，在弹出的界面中，输入图案名称，如图2-12所示。

图2-12 定义图案

Step 2

打开需要添加图案的图像，利用选框工具创建选区，在工具箱中选择"图案图章工具"，从属性栏中选择定义好的图案，选中"对齐"选项，在当前页面中单击并拖动鼠标进行涂抹即可，如图2-13所示。

图2-13 图案图章制作水印

2. 仿制图章工具：【S】

仿制图章工具可以根据"定义源"经过的区域，在当前光标位置完成内容的仿制。仿制的内容与光标经过的区域内容不进行任何计算，实现内容百分之百的复制操作。

打开需要修复的图像，选择工具箱中的"仿制图章工具"，在属性栏中选中"对齐"复选框，按住【Alt】键的同时，单击鼠

✎ 技巧分享

在定义图案时，创建的图形选区必须为矩形且边缘不能有羽化效果，否则，在执行定义图案操作时，定义图案命令显示为灰色不能用状态。

📋 实战案例

用仿制图章工具去除多余内容

素材所在位置：
第2章/仿制图章.jpg

标左键定义需要仿制的来源，松开【Alt】键，单击鼠标左键并拖动，可以将定义源经过的区域复制到当前光标经过的区域，完成仿制操作，如图2-14所示。

✎ 技巧分享

在进行仿制图章涂抹时，需要不断地按【Alt】键，重新定义新的仿制源，才可以实现内容的完美修复，同时，鼠标左键也需要经常松开，保持定义源与光标经过处的时时更新。

图2-14　仿制图章去掉缆车吊绳

✎ 实战案例

用修复画笔工具去除多余内容

素材所在位置：
第2章 / 修复画笔.jpg

3. 修复画笔工具：【J】

修复画笔工具在进行仿制定义源的同时，涂抹的区域与当前光标经过的位置进行颜色计算，实现颜色的自然过渡。对于图像中多余的内容可以实现神奇的"消失"。

修复画笔工具的使用方法与仿制图章类似，在此不再赘述，效果如图2-15所示。

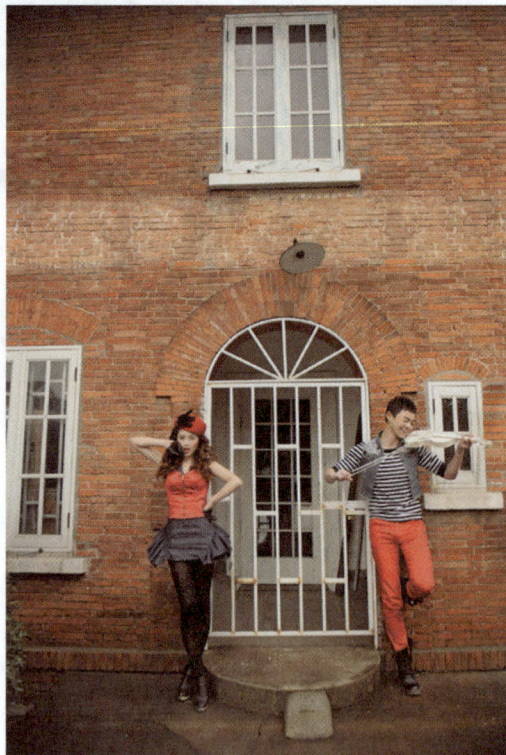

图2-15　去除图像多余内容

4. 消失点

消失点工具属于"滤镜"菜单中常用的工具，将消失点调整到与图章类工具一起介绍，是因为消失点滤镜的功能与仿制图章类似，可以在保持"透视"关系的前提下，修复图像中的瑕疵。

打开需要修复的图像，执行【滤镜】菜单/【消失点】命令，单击弹出的界面左上角的 ⊞ 按钮，在图像中依次单击四个组成平面的角点，生成透视参考平面图形区域（包括需要修复的部分），选择"消失点"界面左侧列表中的"仿制图章"工具，按住【Alt】键的同时单击鼠标左键，创建定义源，松开【Alt】键，单击并拖动鼠标，完成内容的仿制操作，如图2-16所示。

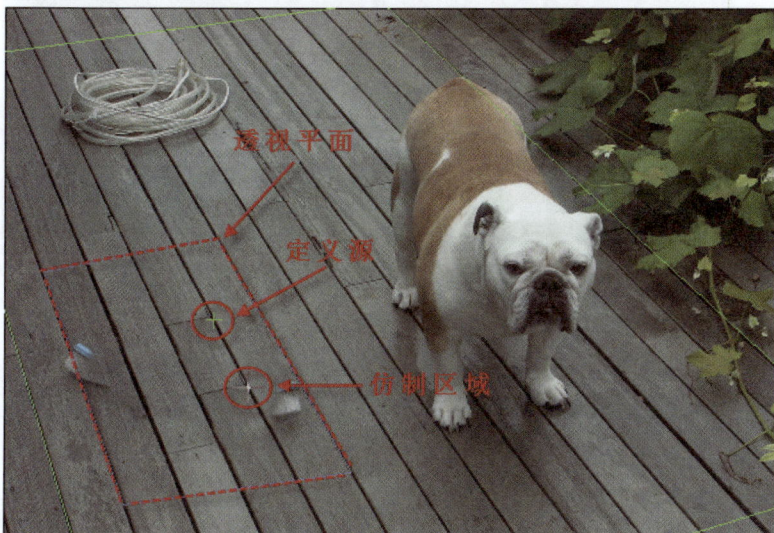

实战案例

用消失点工具修复图像中的瑕疵

素材所在位置：

第2章 / 消失点.jpg

图2-16　消失点修复

2.1.5　使用橡皮擦工具擦除多余图像

橡皮擦工具，顾名思义用于擦除图像中不需要的页面内容，分为橡皮擦工具、背景橡皮擦工具和魔术橡皮擦工具3种类型，不同的橡皮擦工具有着不同的适用场景。

15.使用橡皮擦工具擦除多余图像

1. 橡皮擦工具：【E】

橡皮擦工具是当前工具组里面最普通的擦除工具，被擦除的区域显示背景色或底层内容。

打开需要添加邮票边孔的图像，按【Ctrl】+【J】组合键，生成图层1，将背景层填充白色，按【Ctrl】+【R】组合键，显示标尺工具，光标置于标尺处，分别单击水平和垂直标尺并向页面中间拖动，生成左上角相交辅助线，选择橡皮擦工具，设置笔刷大小和间距，单击鼠标左键，按住【Shift】键的同时水平拖动，如图2-17所示。

实战案例

用橡皮擦工具制作邮票图案

素材所在位置：

第2章 / 邮票.jpg

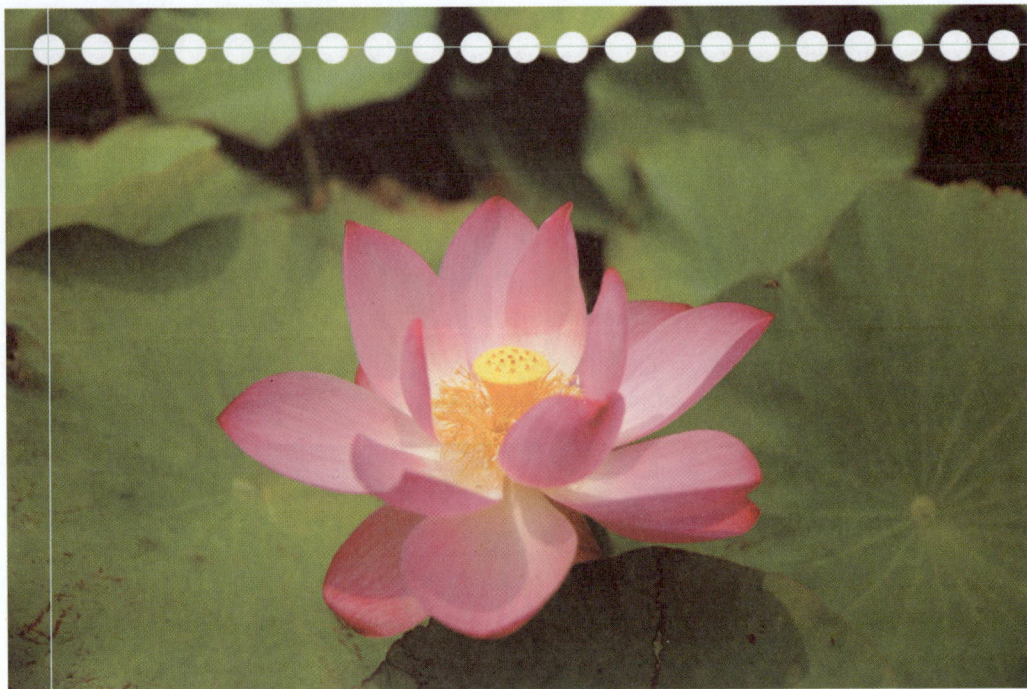

图2-17 创建水平边孔

再次添加辅助线，调整到右侧边孔的中心位置，使当前光标位于边孔中心位置，单击左键，再次按【Shift】键，向下拖动鼠标，采用同样的方式，利用橡皮擦工具创建邮票四周的边孔，如图2-18所示。

添加辅助线后，再使用橡皮擦工具涂抹

图2-18 创建四周边孔

　　在工具箱中，单击选择"矩形选框工具"，沿辅助线内侧创建矩形选区，按【Ctrl】+【Shift】+【I】组合键执行"反选"操作，按【Del】键删除选区内容，按【Ctrl】+【D】组合键取消选择，在页面合适位置处输入文字内容，如图2-19所示。

图2-19 删除多余的部分并添加文字

　　双击邮票所在的图层，在弹出的界面中，设置"投影"的图层样式，设置参数，增加邮票的立体效果，完成后的邮票最终效果如图2-20所示。

图2-20 邮票效果

实战案例

用背景橡皮擦工具擦除图片背景

素材所在位置：
第2章 / 橡皮擦.jpg

2. 背景橡皮擦工具：【E】

　　背景橡皮擦工具属于常用的智能类擦除工具，在使用时，需要根据光标中心标记所在的位置，判断需要擦除的位置，通常适用于擦除边缘对比明显的区域，擦除后的区域呈"透明"状态，也可以实现图像更换背景的操作。

　　打开边缘对比明显的图像，选择工具箱中的"背景橡皮擦工具"，通过【 [】或【] 】键调整光标大小，单击鼠标左键并拖动，完成中心标记所在位置的智能擦除操作，如图2-21所示。

图2-21 背景橡皮擦擦除背景

实战案例

用魔术橡皮擦工具快速擦除图片背景

素材所在位置：
第2章 / 橡皮擦.jpg

3. 魔术橡皮擦工具：【E】

　　魔术橡皮擦工具可以快速擦除与单击点颜色相近的区域，通过属性栏中的"容差"参数，控制擦除区域选择的精确程度，与"魔棒工具"类似。

　　打开图像，在工具箱中选择"魔术橡皮擦工具"，在属性栏中设置"容差"以及是否"连续"等参数，在图像中单击鼠标左键即可快速删除需要去掉的区域，如图2-22所示。

单击快速删除
相同颜色

图2-22 魔术橡皮擦擦除背景

2.2 使用填充类工具填充图层

在使用Photoshop软件进行图像修饰时，根据实际情况通常
需要对选区或当前图层进行填充操作。填充类工具包括渐变填
充、单色填充和内容识别等工具。

2.2.1 使用渐变填充工具填充渐变背景

渐变填充可以根据设置的填充内容进行线性渐变、径向渐变、角度渐变、对称渐变和菱形渐变等5种方式的内容填充。

1. 新建渐变填充样式

在工具箱中选择"渐变工具"，单击属性栏中的填充样式按钮，弹出"渐变编辑器"界面，在"名称"后文本框中输入名称，单击"新建"按钮，在下方的条形色块中进行编辑，上方滑块控制不透明度，下方滑块控制颜色，如图2-23所示。

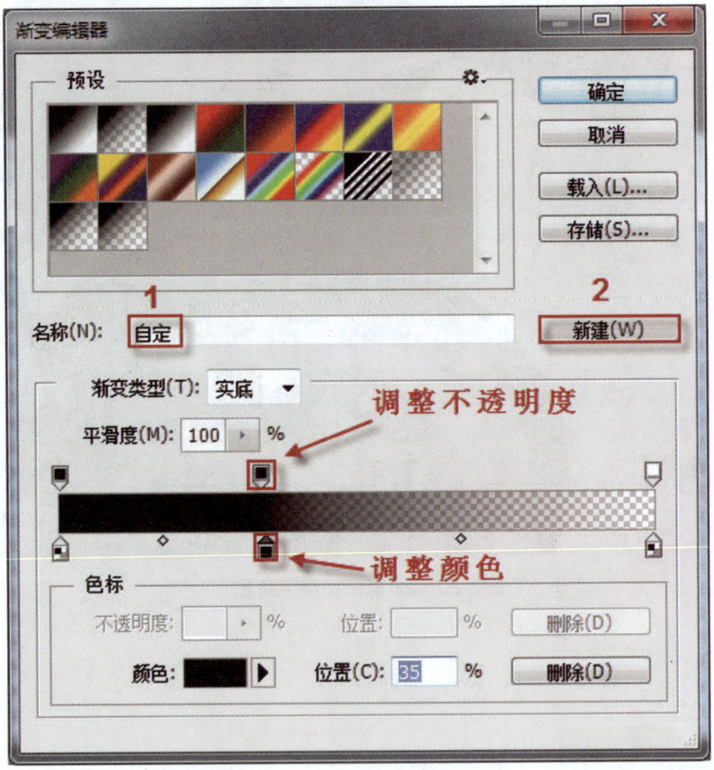

图2-23 新建渐变填充样式

2. 加载渐变填充样式

在使用渐变填充样式时，可以加载Photoshop软件本身的渐变样式，也可以加载外部的渐变样式文件，具体的操作方法与加载画笔样式类似，在此不再赘述。

2.2.2 应用颜色填充

在进行位图修饰时，有时需要用到某种颜色对其进行内容填充，以达到设计的最终需求和效果，在进行颜色选择时，需要根据最终要展现的介质，来确定当前文件的色彩模式。若最终需要通过印刷、写真或喷绘等方式进行展现，色彩模式需要设置为CMYK，若最终需要在电子设备终端进行展现，色彩模式需要设置为RGB。

1. 颜色填充

在进行单一的颜色填充时，通常使用快捷键的操作方式。

按【D】键，设置系统默认的前景色和背景色，简称为前黑背白。

按【X】键，进行前景色与背景色互换操作。

按【Alt】+【Delete】组合键，在当前选区或图层中使用前景色进行填充。

按【Ctrl】+【Delete】组合键，在当前选区或图层中使用背景色进行填充。

除了上述基本颜色填充以外，还可以执行【编辑】菜单/【填充】命令或直接按【Shift】+【F5】组合键，在弹出的界面中，从"内容"下拉列表中选择需要填充的具体内容，如图2-24所示。

图2-24 设置填充内容

2. 内容识别

内容识别填充是CS5版本新增的功能，根据选区的内容进行智能填充，方便进行图像多余内容的清理操作。

🖊 **技巧分享**

在通过工具箱底部色块设置颜色时，如果当前图像最终需要通过印刷、写真、喷绘等方式展现，需要注意颜色的"溢色"提示，减少显示效果与实际输出之间的误差。

📄 **实战案例**

内容识别填充修饰图片

素材所在位置：
第2章/内容填充.jpg

16.内容识别填充修饰图片

打开需要处理的图像文件，利用套索、选框、魔棒等工具建立需要修复的选区，按【Shift】+【F5】组合键或直接按【Del】键，在弹出的界面中选择"内容识别"，单击"确定"按钮，自动完成内容识别的智能填充操作，如图2-25所示。

图2-25 内容识别填充

17.使用液化滤镜修饰人物图像

📋 **实战案例**

使用液化滤镜放大眼睛

素材所在位置：
第2章/去除红眼与液化.jpg

2.3 使用滤镜修饰图像

滤镜是Photoshop软件的一个重要组成部分，滤镜产生最初的作用是用于模拟相机的镜头，来实现为现有的图像添加镜头的效果。随着软件的不断升级和发展，现在的滤镜功能已经远远超出最初模拟镜头的功能，通过滤镜和滤镜库可以实现一些普通镜头实现不了的特殊效果。在此，先介绍图像修饰方面的功能，其他效果在后面章节中进行介绍。

2.3.1 使用液化滤镜修饰人物图像

液化是Photoshop软件中用于对人物图像进行修饰最好的滤镜，可以轻松实现眼睛变大、嘴巴变小、脸部去肉、腰部变瘦等操作。

打开需要修饰的图像，执行【滤镜】菜单/【液化】命令，弹出液化滤镜对话框，选择左侧列表中的"膨胀工具"，通过【[】和【]】键调节光标大小，光标靠近眼睛位置，单击左键，完成眼睛变大操作，如图2-26所示。

膨胀工具

图2-26 眼睛变大调整

在液化滤镜中，通过左侧列表中的"褶皱工具"，可以实现嘴巴变小的操作，如图2-27所示。

图2-27 缩小嘴巴调整前后

在进行瘦脸调整时，对于面部的区域，可以直接使用"向前变形工具"，通过光标中心所在的位置控制推拉的区域，实现瘦脸调整，如图2-28所示。

图2-28 瘦脸调整前后

2.3.2 镜头校正

镜头校正滤镜可以根据对各种相机与镜头的测量，自动实现扭曲校正的操作，可以轻易消除桶状和枕状变形、相片周边暗角，以及造成边缘出现彩色光晕的色像差。

实战案例

使用液化滤镜缩小嘴巴

实战案例

使用液化滤镜瘦脸

技巧分享

在使用液化滤镜调整时，图像页面可以使用【Ctrl】+【＋】进行放大显示，使用【Ctrl】+【－】组合键进行缩小显示，使用褶皱或膨胀工具时，当前画笔的大小需要比要调整的区域略大，单击时的操作要干脆，鼠标不能粘连。

18.镜头校正

📝 **实战案例**

使用镜头校正滤镜纠正倾斜

素材所在位置：
第2章/镜头校正.jpg

Step 1

打开需要进行镜头校正的图像，执行【滤镜】菜单/【镜头校正】命令，弹出滤镜对话框，在界面下面显示当前图像的基本信息，如图2-29所示。

图2-29 显示基本信息

Step 2

单击左侧的"拉直工具"，在图像中依次单击水平参考的两点，如图2-30所示。

图2-30 纠正倾斜图像

在日常进行图像拍摄时，由于受镜头材质或质量的影响，容易在大光圈且高对比的情况下，出现生成的图像有紫边的现象，同样，在大光圈设置的情况下，也容易出现四角失光等问题，造成生成的图像四周有暗角的瑕疵。调整方法如下。

打开需要调整暗角的图像，执行【滤镜】菜单/【镜头校正】命令，在弹出的滤镜界面中，通过右侧的"自定"选项，调整"晕影"参数，如图2-31所示。

实战案例

使用镜头校正滤镜调整图像四周暗角

图2-31 调整暗角

在进行场景拍摄时，因为镜头广角或是取景焦点等原因，生成图像后容易出现透视错误。若是为了拍摄的特殊要求，透视扭曲也是一个不错的选择，若是不小心造成了透视扭曲，那么可以通过镜头校正进行修复。调整方法如下。

打开需要校正透视错误的图像，执行【滤镜】菜单/【镜头校正】命令，单击左侧"移动网格工具"，显示透视校正参考的网格，在右侧"自定"选项中设置参数，如图2-32所示。

实战案例

使用镜头校正滤镜校正透视错误

素材所在位置：
第2章/透视校正.jpg

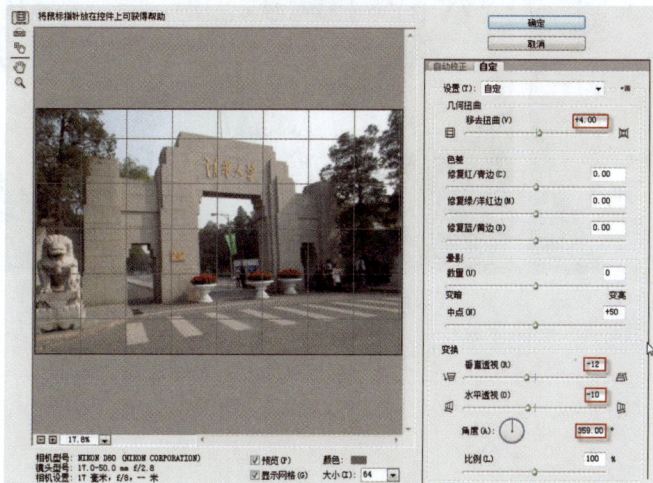

图2-32 校正透视错误

📝 **实战案例**

图像修饰练习

素材所在位置：
第2章 / 练习1.jpg

19.图像修饰练习

注：在进行位图修饰时，工具箱中的"模糊工具"系列和"减淡工具"系列由于在平时应用较少，在此不再进行图文介绍，只在配套视频中进行讲解。

2.4 实战演练

1. 图像修饰练习

使用"污点修复画笔工具"去除瑕疵。原图与最终效果如图2-33所示。

图2-33 去除瑕疵

2. 液化练习

　　使用"液化"滤镜，进行人物美体修饰。原图与最终效果如图2-34所示。

图2-34　美体修饰

　　实战案例

液化练习

素材所在位置：
第2章 / 练习2.jpg

20.液化练习

矢量绘图

Photoshop 软件发展到现在，除了可以进行强大的位图处理与修饰以外，还可以进行矢量的绘制工作，既符合设计师们喜欢只用一个软件的操作习惯，也满足 Adobe 公司各个产品之间的兼容与共享，达到位图编辑与矢量绘制的完美结合。本章介绍矢量绘图工具和文字工具。

本｜章｜要｜点

- 钢笔工具
- 文字工具

3.1 用钢笔工具绘制路径和选区

钢笔工具是Photoshop软件的一个重要组成部分，通过钢笔工具既可以非常方便地绘制路径，最后转换为选区，也可以进行矢量的标志设计。钢笔工具在Photoshop CC版本中进行了更加人性化的设计和提升。

3.1.1 绘制路径

钢笔工具通常用于绘制路径，因此，在某种情况下，钢笔工具与路径是紧密结合的。钢笔工具既可以绘制路径，也可以绘制形状。

1. 绘制路径

按【P】键或单击工具箱中的"钢笔工具"，在属性栏中选择"路径"选项，在当前页面中单击创建角点，单击并拖动创建平滑点，按住【Ctrl】键的同时单击鼠标左键，可以移动控制点的位置，按住【Alt】键的同时单击平滑点，可以删除一半的手柄，如图3-1所示。

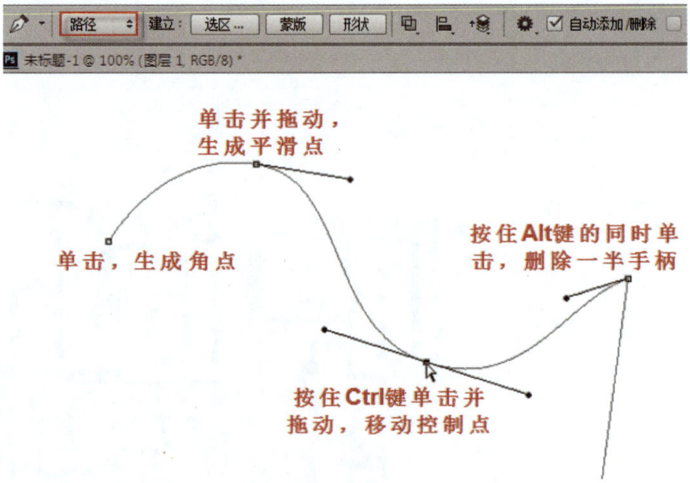

图3-1 绘制路径

2. 转换路径

在使用钢笔工具绘制完路径后，无论是否闭合都可以进行路径转换，在CC新版本中，通过属性栏中的按钮，可以方便快捷地将路径转换为选区或形状。

使用钢笔工具绘制基本形状后，单击属性栏中的"选区"按钮，在弹出的界面中，设置羽化的像素数值，单击"确定"按钮，路径转换为选区，如图3-2所示。

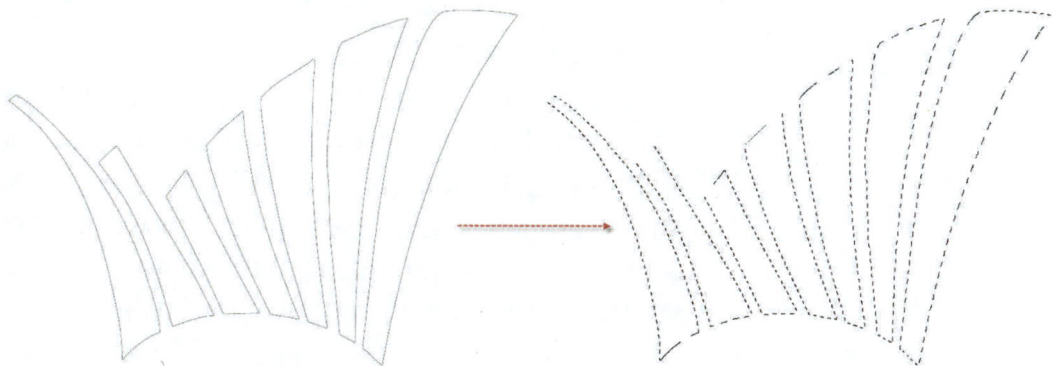

图3-2 路径转换为选区

新建图层，分别对不同的选区填充不同的颜色，生成顶部线条，如图3-3所示。

图3-3 填充颜色效果

分别在两侧绘制大小不同的圆形选区，进行不同的颜色填充，输入文字介绍，生成最终标志，如图3-4所示。

图3-4 标志完成

🖋 **技巧分享**

在进行路径转换时，对于没有闭合的路径，在对其进行转换为选区操作时，会将路径进行首尾自动闭合，通常使用【Ctrl】＋【Enter】组合键进行快速转换。路径转换为形状时，以前景色为填充颜色，同时会在图层面板中增加形状图层。

3.1.2 编辑路径

在使用钢笔工具创建完基本路径后，并不能满足设计的需要，此时，需要对现有路径进行再次编辑，以达到设计的最终目的和需求。

1. 路径选择工具和直接选择工具：【 A 】

路径选择工具和直接选择工具，分别用于对当前页面中的路径或某个控制点进行选择，方便路径的移动和局部点的编辑。选择其中一个工具后，按住【Ctrl】键的同时，单击左键可以在路径选择工具和直接选择工具之间进行切换。光标样式为"黑箭头"时，表示当前工具为路径选择工具，光标样式为"空心箭头"时，表示当前工具为直接选择工具，如图3-5所示。

图3-5 路径选择工具和直接选择工具

2. 添加/删除锚点

在创建路径时，创建的角点或平滑点，都是用于控制路径的形状，路径创建完成后，可以通过"添加/删除锚点"的操作，对现有路径进行再次编辑。

⑴ 添加锚点

在工具箱列表中，光标置于钢笔工具上，按住左键不放或直接单击鼠标右键，从弹出的工具列表中选择"添加锚点工具"，将光标移动到路径上时，钢笔图标右下角出现"＋"标识，单击左键，完成添加锚点操作，如图3-6所示。

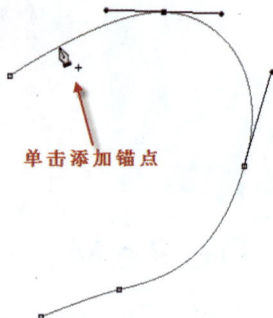

图3-6 添加锚点

⑵ **删除锚点**

在工具箱列表中，光标置于钢笔工具上，按住左键不放或直接单击鼠标右键，从弹出的工具列表中选择"删除锚点工具"，将光标移动到路径上时，钢笔图标右下角出现"－"标识，单击左键，完成删除锚点操作，如图3-7所示。

在执行"添加锚点"操作后，添加后的点样式与当前路径两端的点样式保持一致，执行"删除锚点"操作后，由于路径定位点减少，会发生路径线条形状的变化。

删除锚点

图3-7 删除锚点

3.1.3 应用路径

钢笔工具是平面设计中最常用的操作工具，无论是初入设计领域的各位读者还是有一定经验的设计师，都需要把钢笔工具练习熟练。下面介绍如何使用钢笔工具进行图像内容的提取。

打开需要提取的图像，在工具箱中，选择"钢笔工具"，按住【Alt】键的同时，转动鼠标滚轮执行放大操作，光标置于碗的边缘，单击并拖动鼠标，创建路径，如图3-8所示。

📄 **实战案例**

用钢笔工具提取图像

素材所在位置：

第3章/钢笔抠图.jpg

22.用钢笔工具提取图像

图3-8 创建路径

按【Ctrl】+【Enter】组合键，将路径转换为选区，按【Ctrl】+【J】组合键，将选区的内容生成单独的图层，方便进行背景更换操作，如图3-9所示。

图3-9 提取完成

3.1.4 用形状工具绘制标志

在Photoshop软件中，形状工具（【U】）的使用方法与路径工具的使用方法是类似的，可以方便地生成路径或形状图层，除了自带的基本形状之外，还支持外部形状文件导入的方式。在CC版本中，形状工具支持在创建形状对象时，对填充内容和轮廓的属性设置，方便快捷。使用形状工具创建的形状为矢量性质，支持任意的缩放操作。

Photoshop软件中可以创建矩形、圆角矩形、椭圆、多边形、直线和自定义等形状，如图3-10所示。

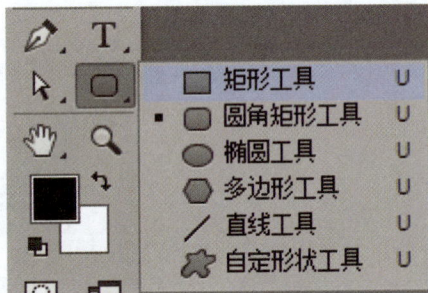

图3-10 形状工具

根据属性栏中的设置，可以实现常见形状的绘制。生成后的形状默认时会自动添加形状图层，方便进行单独编辑和操作，如图3-11所示。

图3-11 形状及图层

3.2 使用文字工具设计文字

文字工具在平面设计中，不仅可以传达重要的页面信息，还可以起到画龙点睛的作用，特别是在进行信息传递时，起到了重要的作用。文字传达的信息是最直接的，可以直接告诉阅读者当前页面设计想要表达的内容。

在Photoshop软件中，文字工具提供了两大类别，分别为文字输入和文字选区操作，以方便适用于各种文字输入的场景。

3.2.1 基本操作

在平面设计软件中，根据文字工具的输入方式不同，文字内容可以分为美术字文本和段落文本。

• 选择文字工具后，在页面中单击鼠标，在当前光标处输入文字内容，即为**美术字文本**，不能自动换行，需要手动调节。

• 选择文字工具后，在页面中单击并拖动一个文字选框，在当前光标处输入文字内容，即为**段落文本**，根据文字选框的宽度，输入的文字可以进行自动换行。

了解了文字输入方式的不同以后，还需要学会以下基本操作。

1. 安装字体

在进行日常设计时，字体是不可缺少的元素，合适美观的字体样式可以让设计锦上添花，作为设计师一定要学会安装字体。

将字体格式文件（*.ttf）复制，打开"计算机"，在"控制面板"/"字体"选项中，单击鼠标右键，选择粘贴，系统自动进行字体的安装操作，如图3-12所示。

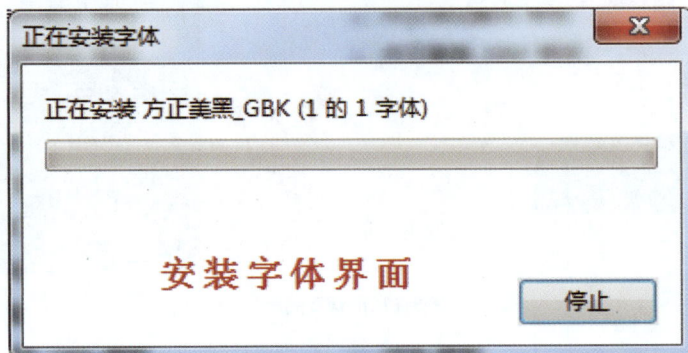

图3-12 安装字体

字体安装完成后，在当前计算机中的任意有文字的软件中，都可以从字体样式中选择新安装的字体。

2. 设置字符、段落

在工具箱中，选择文字工具后，在页面中单击确定文字的起点，输入内容，单击属性栏中的 ▤ 按钮，弹出字符浮动面板，如图3-13所示。

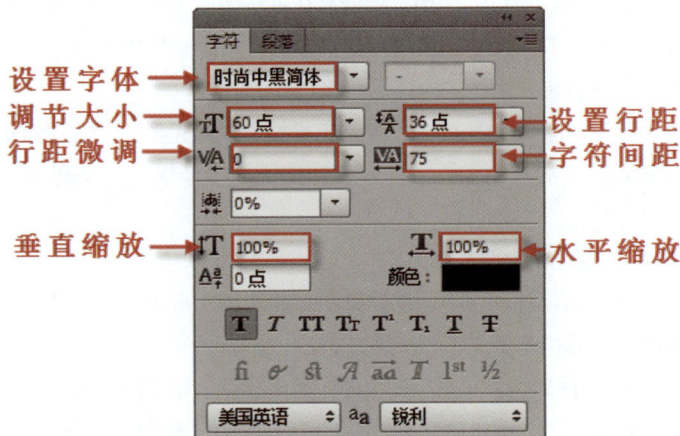

图3-13 字符面板

除了图中给出的标识以外，对于面板下方水平排列的按钮，当光标悬浮在上面时，在光标处会出现相应的功能提示。

当输入的文字内容为段落文本时，可以通过"段落"面板进行相关的属性设置，如图3-14所示。

🖋 **技巧分享**

在平时选择字体时，建议安装GBK字库，普通字库包括3000～4000个常见汉字，GBK字库包括6000～8000个常见汉字，对于一些生僻汉字都有相应的字体样式。

图3-14 段落面板

左缩进　右缩进
首行缩进
段前空格　段后空格

3. 路径文字

在文字输入时，可以与前面的路径相结合，使输入的文字内容沿已经存在的路径进行自适应排列。

在当前页面中创建文字排列的路径，在工具箱中，选择"横排文字工具"，将光标移动到路径上，光标出现变形后，单击确定文字的起始位置，输入文字内容，如图3-15所示。

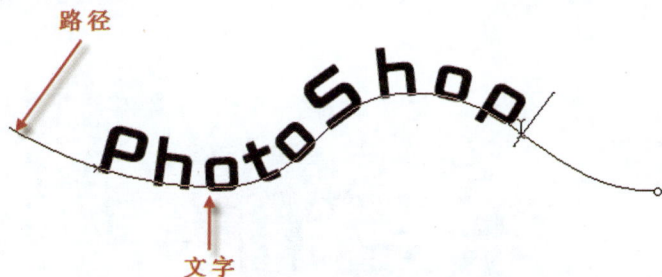

路径
文字

图3-15 路径文字

4. 文字变形

输入完文字内容后，需要再次调整字符大小时，可以直接通过"自由变换"来进行调整，方便快捷地更改文字大小，以满足当前文字区域对字符大小的需要。对于需要简单变形来实现的效果，可以直接通过属性栏中的"变形"工具实现。

在当前页面中，输入美术字文本，单击并拖动鼠标选中需要变形的文字，单击属性栏中的 按钮，从下拉列表中选择相关的变形效果，如图3-16所示。

技巧分享

在进行段落排版时，需要根据中文字符的特点，设置避头尾法则，如行首不能出现逗号。对于英文字符，需要将"连字"选项选中，保持长英文单词在行尾的排版效果。

技巧分享

路径文字在进行编辑时，可以使用"路径选择工具"，通过调整文字的起始位置，影响路径上文字的排列效果，还可以实现文字的"反向"效果。

图3-16 变形文字

5. 制作3D文字

在Photoshop软件中，对于文字方面增加了3D的功能，根据自己的需要和设计的需求，可以很方便地生成3D的文字样式。

选择工具箱中的文字工具，在当前页面中单击输入文字内容，单击属性工具栏中的 **3D** 按钮，在弹出的界面中，可以调整观察角度，对于立体文字的每个部分可以单独调节材质等，如图3-17所示。

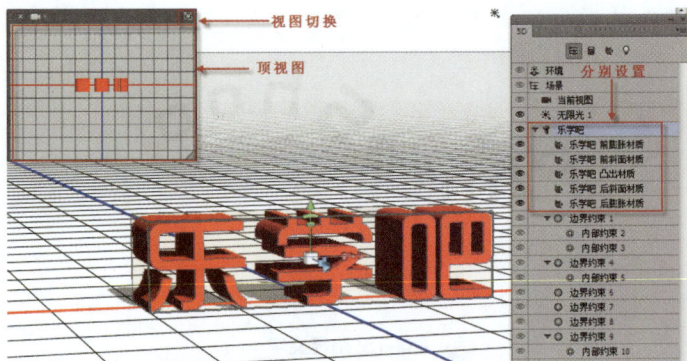

图3-17 3D文字

通过属性栏中的 按钮，进行文字角度、位置的调整和缩放操作，完成后，单击工具箱中的其他工具按钮，完成3D文字的创建，如图3-18所示。

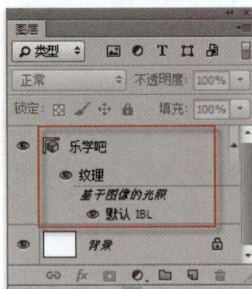

图3-18 3D文字效果

6. 中文字体名称显示

在当前页面中输入中文字符时，可以通过属性栏设置字体样式，默认时字体样式列表中的名称显示为中文名称，若列表中没有中文名称时，需要通过"首选项"参数进行调整。显示中文字体名称的步骤如下。

执行【编辑】菜单/【首选项】/【文字】命令，取消选中"以英文显示字体名称"选项，如图3-19所示。

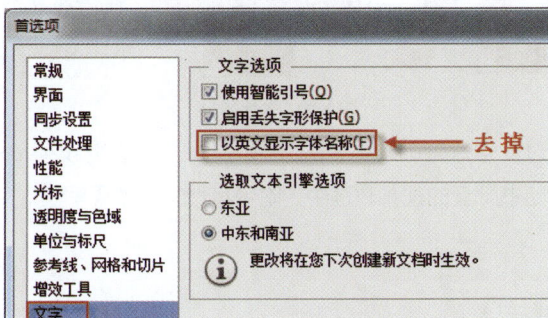

图3-19 去掉英文显示字体名称

3.2.2 字体设计

在Photoshop软件中，对于文字工具的使用，除了上面介绍的基本操作以外，还有非常重要的字体设计，通过文字轮廓结合路径编辑，达到字体设计的目的。

在使用Photoshop软件进行字体设计时，通常是将文字的轮廓转换为路径，再通过路径的编辑得到文字路径图形。

在工具箱中选择"直排文字工具"，在属性栏中选择"汉仪菱心体简"字体，在当前页面中输入文字内容，单击属性栏中的 ✔ 按钮，完成文字输入，在图层列表中，光标置于新生成的文字图层上，单击鼠标右键，选择"转换为形状"按钮，如图3-20所示。

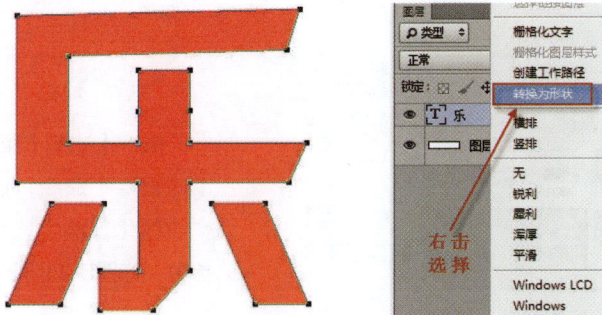

图3-20 转换为形状

23.字体设计

在工具箱中通过路径选择、添加锚点和删除锚点等工具，调整个别路径点的位置和形状，达到字体设计的目的，如图3-21所示。

图3-21 字体设计

通过文字对象可以实现常见的文字效果，在此仅列举一个案例，在随书配套的视频教程中，附带其他文字效果案例。

Step 1

新建800×600像素文件，设置前景色和背景色，执行线性渐变填充，如图3-22所示。

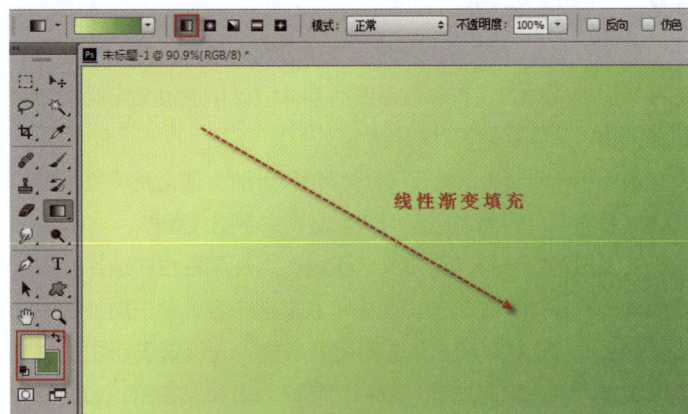

图3-22 线性填充

Step 2

执行【滤镜】菜单/【滤镜库】命令，选择"纹理化"命令，设置参数，如图3-23所示。

图3-23 设置纹理化参数

在工具箱中，选择"横排文字工具"，设置字体、大小、颜色等参数，在当页面中输入内容并调整位置。打开草地图像，将其复制到当前文件，调整图层顺序和页面位置，如图3-24所示。

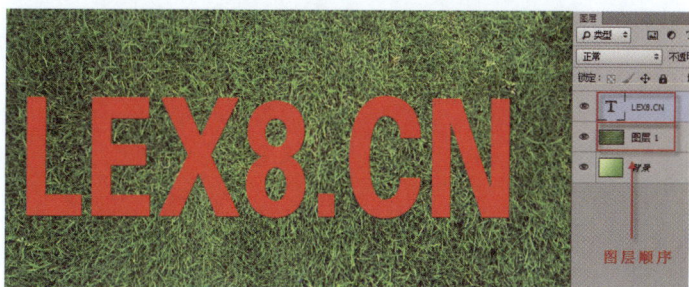

图3-24 调整图层顺序

Step *3*

按住【Ctrl】键的同时，单击文字图层的缩略图，载入选区，将操作层切换到图层1，按【Ctrl】+【J】组合键，根据选区内容生成新的图层，将文字图层与图层1隐藏，如图3-25所示。

图3-25 隐藏文字图层和图层1

Step *4*

选择图层2，再次按【Ctrl】+【J】组合键，生成"图层2拷贝"图层，将图层2通过"色阶"命令，调整明暗效果，将图层2往暗调效果调整，并通过"移动工具"往右下方调整，通过"涂抹工具"，对图层2文字的部分尖角进行涂抹，如图3-26所示。

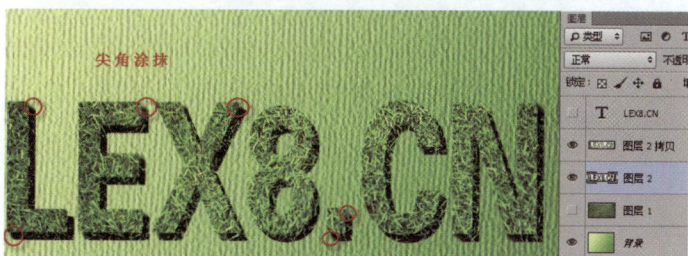

图3-26 阴影和尖角涂抹

61

Step 5

在"图层2拷贝"中，通过"涂抹工具"，绘制不规律的草叶生长效果，如图3-27所示。

图3-27 边缘涂抹

Step 6

选择图层2，再次按【Ctrl】+【J】组合键，将生成的图层调整到图层2下方，执行【滤镜】菜单/【模糊】/【动感模糊】命令，使用"橡皮擦工具"，擦除左上角动感模糊产生的阴影，再次按【Ctrl】+【J】组合键，如图3-28所示。

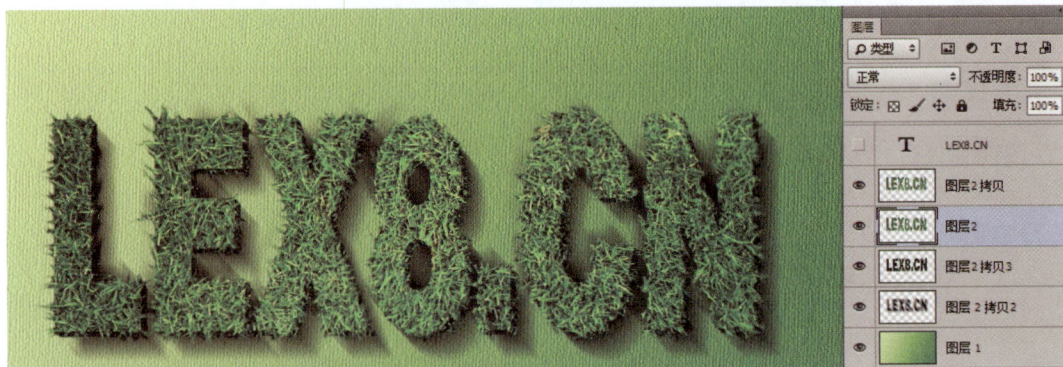

图3-28 多个图层组合

Step 7

在当前草坪文字中，添加附属的素材，生成最后的文字效果，如图3-29所示。

图3-29 草坪文字效果

3.2.3 辅助工具

在Photoshop工具箱下方，还有一组辅助工具，用于查看和移动当前图像页面，除此之外，还有标尺、辅助线、网格等辅助工具。

1. 抓手工具：【H】

当前页面放大显示后，可以通过"抓手工具"进行平移，方便查看页面的局部细节。也可以在按住【空格】键的同时，单击鼠标左键并拖动鼠标，松开鼠标时，会有一个页面滑翔的动作，如图3-30所示。

图3-30 平移操作

2. 缩放工具：【Z】

在进行页面显示大小缩放时，通常使用快捷键进行操作。

放大显示：【Ctrl】+【+】。

缩小显示：【Ctrl】+【-】。

适合窗口显示：【Ctrl】+【0】。

实际大小显示：光标置于缩放工具图标上，双击左键。

实时缩放显示：按住【Alt】键的同时，转动鼠标滚轮。

3. 标尺和辅助线

按【Ctrl】+【R】组合键显示标尺工具，光标置于水平或垂直的标尺位置，单击并向页面中间拖动，生成辅助线工具，移动图形对象或选区时，在靠近辅助线附近或是中间位置时，会出现自动吸附的特点。

辅助线显示与隐藏：【Ctrl】+【;】。

辅助线默认颜色为青色，若创建的对象颜色与辅助线颜色比较接近不易查看时，可以通过【编辑】菜单/【首选项】/【参考线、网络和切片】命令，更改辅助线颜色，如图3-31所示。

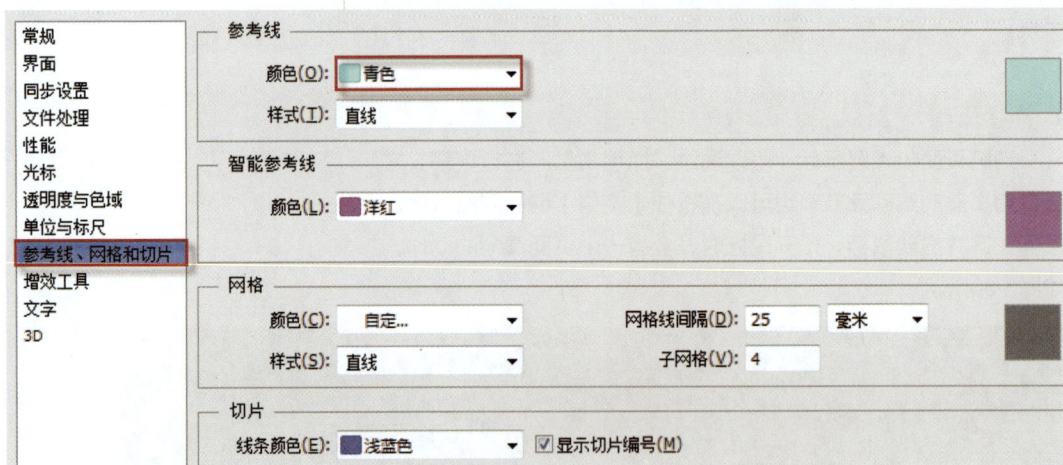

图3-31 更改辅助线颜色

4. 网格

网格辅助工具用于页面拼版时，方便查看各个小版块之间的对象和进行等间距操作，通过网格的显示效果，版块间距显示和对齐操作方便快捷。

网格显示/隐藏：【Ctrl】+【'】。

注：网格间距的设置与"辅助线"设置类似，请参考图3-31，在此不再赘述。

3.3 实战演练

根据本章介绍和讲解的内容，完成以下练习。

1. 导视牌绘制

最终效果如图3-32所示。

图3-32 导视牌

2. 字体设计

最终效果如图3-33所示。

图3-33 字体效果

技能篇

图像调整

Photoshop 软件产生的最初目的，就是为了解决经过照片暗房冲洗后，黑白照片的再次调节，因此，图像调整是 Photoshop 软件的核心功能之一，通过图像的调整，既可以解决生成图像过程中的一些问题和不足，也可以为当前图像实现某种艺术风格。

图像在拍摄时，准备、化妆和造型等工作都是前期工作，从按下快门的那一刻起，后面要进行的工作就是图像的后期处理。在进行图像后期处理时，通常包括第 2 章讲过的人物再次修瑕疵、美容、细致调节，还包括本章重点讲解的图像明暗、色彩饱和度等修复。

本 | 章 | 要 | 点

- 图像模式
- 影调调节
- 色调调节

4.1 图像模式

　　图像模式是一个比较重要的理论方面的概念，根据图像色彩构成原理来讲，不同的图像模式影响不同的色彩显示或输出效果，也影响通道数量和文件大小。因此，对于平面设计来讲，需要设计师们了解并熟悉不同图像模式的特点和作用，以满足不同的输出要求。

4.1.1 用于显示的RGB模式

　　RGB模式是一种显示设备所采用的图像模式，由R（红色）、G（绿色）和B（蓝色）三种原色按比例混合而成。每种颜色的数值范围为0～255，当三个颜色数值都为0时，呈现黑色，当三个颜色数值都为255时，呈现白色。根据呈现彩色的显示结果来看，每种颜色数值应该在0的基础上，向上累加，因此，RGB模式为加色法。

1. 显示原理

　　在平时的显示器、电视机、监视器、手机等设备终端上，图像显示的色彩都是由RGB三种原色按比例混合而成显示出来的效果。在关机或关闭屏幕时，设备屏幕越黑，显示的彩色效果越逼真。RGB颜色模式显示的原理，如图4-1所示。

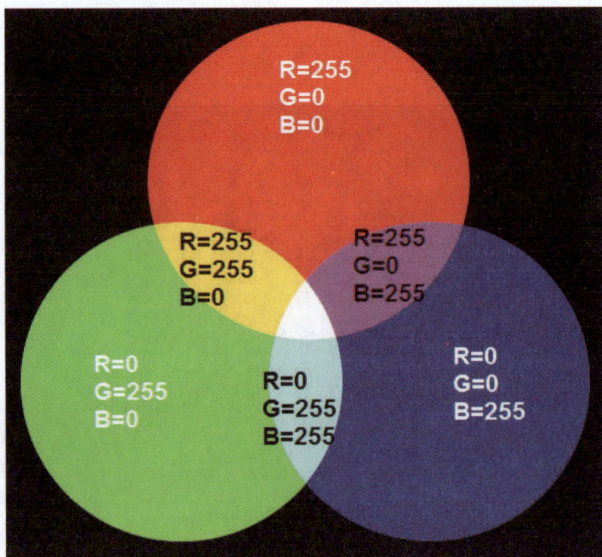

图4-1 RGB显示原理

当三种颜色都汇集到中间位置时，显示为白色，在三个颜色块之外的位置，没有任何颜色，显示为黑色。

RGB模式是24位颜色深度。它共有三个通道，每个通道都有8位深度。三个通道合成在一起可生成约1677万种颜色，我们也称之为"真彩色"。

2. 颜色存储

根据图像模式的原理，RGB图像可以分为红色、绿色和蓝色等三个颜色通道。在不同的颜色通道中，存储不同的颜色信息，可以提取纯黑色背景的图像，在后面章节中进行讲解，在此不再赘述。

4.1.2　用于印刷的CMYK模式

CMYK模式是一种打印或印刷时所采用的图像模式，由C（青色）、M（品红）、Y（黄色）和K（黑色）四种油墨颜色按比例混合而成，每种颜色的数值实际上为该种颜色浓度的百分比，范围为0~100%，根据呈现彩色的显示结果来讲，每种颜色数值应该在100%的基础上，降低颜色浓度数值，才可以在输出时显示彩色效果，因此，CMYK模式为减色法。

在使用Photoshop软件时，若最终的页面内容需要通过打印或印刷来展现，在新建文件时，颜色模式应该选择"CMYK颜色"。在选择颜色时，应该通过色卡固定数值来输入，若没有固定色卡时，在选择颜色时，需要注意溢色提示，如图4-2所示。

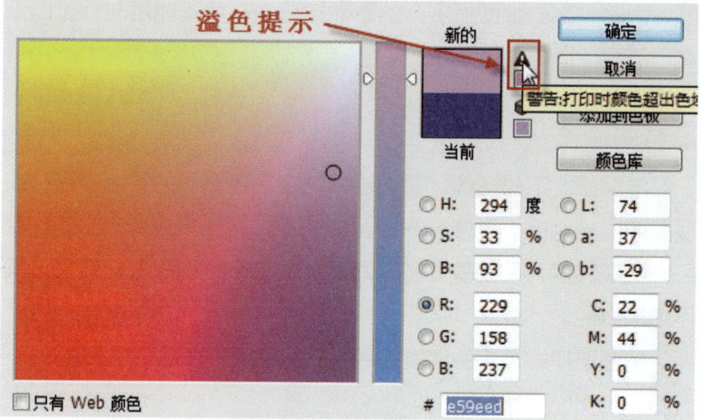

图4-2　溢色提示

在选择颜色时，若出现溢色"叹号"提示时，需要单击按钮，系统会自动匹配最接近的输出CMYK颜色，减少作品输出的实际效果与显示之间的差异。

📍 技巧分享

在进行颜色选择时，设置的CMYK颜色数值应尽量可以被数字5整除，即颜色的数值末尾数为0或是5，可以保证在不同的印刷机上，输出的效果差别最小。对于公司有固定VI（视觉识别）设计的颜色数值的，在设置时一定要按VI数值进行输入。

4.1.3 其他图像模式

在Photoshop软件中，除了常用的RGB模式、CMYK模式以外，还有灰度模式、Lab颜色、索引颜色、位图模式、双色调模式等，不同的颜色模式有不同的特点和应用场合。

1. 灰度模式

灰度模式的图像类似于以前的黑白照片效果，从最亮的白色到最暗的黑色，共有256级"灰阶"。在灰度模式下，使用设置的彩色前景色进行填充时，会自动转换到当前彩色对应的灰色颜色进行填充。即在灰度模式下，图像上是没有彩色信息的。

2. Lab颜色

Lab颜色模式是包含彩色颜色数量最多的模式，即平时所讲的色域最广，在图像从RGB模式转换为CMYK颜色模式时，Lab颜色为其转换的中间桥梁，其中L表示图像中的亮度，a表示色彩由绿色向红色过渡，b表示色彩由蓝色向黄色过渡。

当图像模式为Lab颜色时，大部分的操作是不被支持的，因此，Lab颜色只是Photoshop软件未来发展的一个新领域。

3. 索引颜色

索引颜色模式是保留图像彩色信息，存储时占空间最小的颜色模式，只能拥有256种颜色信息，可以实现图像的透明背景，方便在网页设计中使用，在索引颜色模式下，不能包含图层信息，因此，当图层面板下方的新建按钮为灰色不能用时，可以查看当前图像模式是否为索引颜色。

4. 位图模式

位图模式下的图像，是通过黑色或白色聚集的紧凑程度来表现图像的"明暗"过渡，在位图模式下，图像中只有黑白两种颜色，图像转换为位图模式时，需要借助"灰度模式"起转换桥梁作用来实现。

多通道模式、双色调模式平时应用较少，在此不再赘述。

4.2 调节影调

在进行图像修复调节时，我们就像是一名医生，要为生病或有问题的人进行诊断和治疗，合理正确的诊断是进行治疗的前提和关键，因此要先判断图像有问题的原因是什么，针对这一原因应该如何进行调节和修复。

造成图像有问题的原因，通常包括影调和色调两部分：

- 影调，通俗来讲就是影响当前图像生成的环境光线；
- 色调，就是构成当前图像时，各个画面内容的颜色成分。

只有在光线正常的情况下，物体反映的才是自身正常的颜色，因此，在进行图像修复时，需要先进行影调的修复。

4.2.1 用直方图判断图像的影调

在进行图像影调调节时，除了常规的可以查看图像是否存在明暗问题以外，还需要通过专门的工具进行查看。就类似于医生在需要了解病人体温时，除了常规的用手去碰额头以外，还需要有专门的测量体温的工具。

1. 直方图

在直方图界面中，通过图像曲线分布的方式，显示当前图像明暗像素分布。在综合的RGB通道中，直方图显示为图像的影调效果，在单个R、G、B颜色通道中，直方图用于显示不同颜色的像素分布情况。

打开图像文件，执行【窗口】菜单/【直方图】命令，显示当前文件的直方图信息，如图4-3所示。

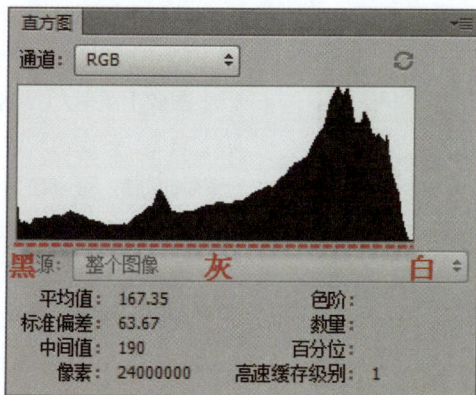

图4-3 直方图界面

2. 影调判断

通过上面的直方图信息，可以看出，对于影调显示正常的图像来讲，从左侧的"黑场"到右侧的"白场"，均有像素分布。若在直方图像素分布曲线中，某一部分没有直方图像素分布，当前图像所反映出来的问题就集中在有问题的影调部分，如图4-4所示。

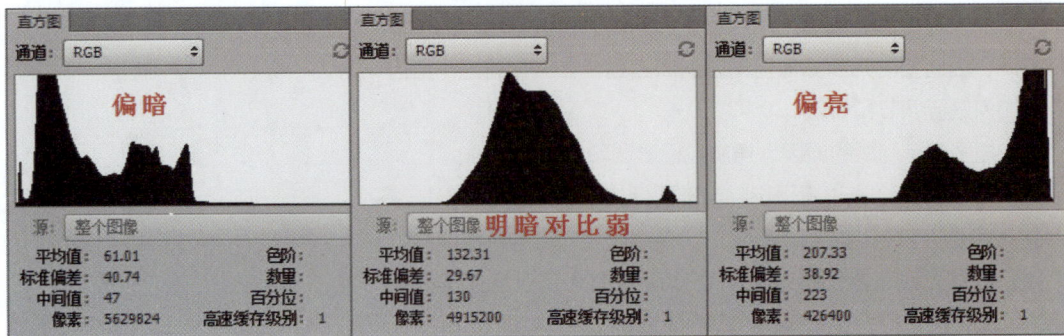

图4-4 不同影调效果

根据上面直方图显示的效果，可以判断出三个图像的问题依次是图像偏暗、明暗对比不明显和图像偏亮，在进行调整修复时，可以通过"色阶"或"曲线"等工具进行影调调节。

4.2.2 调节图像影调

图像影调问题判断完成以后，就可以使用相关的工具进行修复类调节操作。不同的工具有不同的使用场景和特点，在进行图像调整时，需要根据图像的特点，选择合适的工具进行调整。

1. 色阶：【Ctrl】+【L】

色阶工具是最常用的图像调节工具，可以调整图像的明暗或偏色效果。在综合RGB通道中，可以调整图像的明暗，在单个R、G、B通道中，可以通过滑块调整图像的色彩。

打开需要调整影调的文件，按【Ctrl】+【L】组合键或执行【图像】菜单/【调整】/【色阶】命令，弹出色阶对话框，对于影调问题，可以将滑块移动到有像素分布的位置，如图4-5所示，再通过中间的"灰场"滑块调整图像的对比效果。

实战案例

通过色阶调整图像影调

素材所在位置：

第4章/色阶1、2、3.jpg

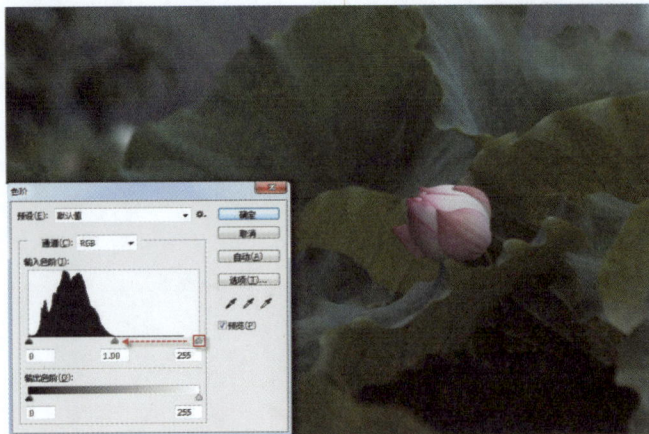

图4-5 调整白场滑块

对于图像影调的调整，只需要在综合RGB通道中，将滑块移动到有像素分布的区域或位置，当前的图像影调调整完成。

对于色阶像素分布整个偏右的图像，在进行修复时，需要将左侧的滑块向右侧进行调整，方便控制整个图像的曝光强度，如图4-6所示。

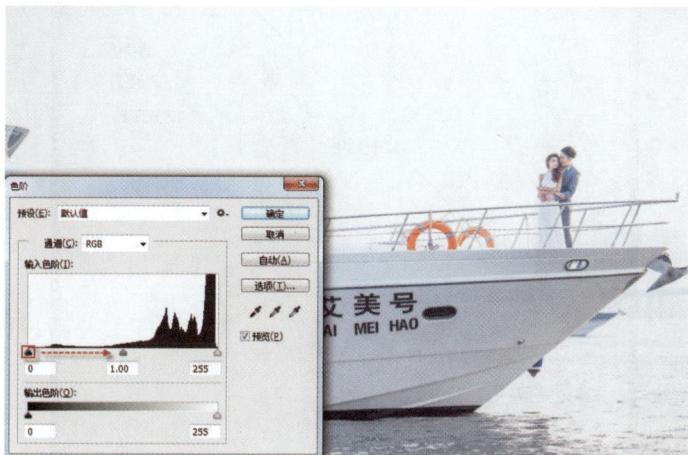

27.通过色阶调整图像影调

图4-6 调整黑场滑块

对于色阶像素分布居中的图像，在进行修复时，需要将左右两侧的滑块向中间移动，进行调整，方便控制整个图像的明亮对比度，如图4-7所示。

图4-7 调整黑、白场滑块

2. 曲线：【Ctrl】+【M】

曲线工具的用法与"色阶"工具类似，在调节图像时，可以展现更多的细节，针对图像的不同明暗进行调整。

打开需要调整的图像，按【Ctrl】+【M】组合键或执行

🖋️ 技巧分享

在使用色阶工具调整时，除了使用下面的三个滑块以外，还可以使用界面右侧的"吸管"工具，黑场吸管用于拾取当前图像中最暗的部分，白场吸管用于拾取图像中最亮的部分，中间灰场吸管用于拾取当前图像中明暗的中间部分。灰场吸管的建立对当前图像的修复起着举足轻重的作用。

📋 实战案例

通过曲线调整图像影调

素材所在位置：

第4章/曲线.jpg

【图像】菜单/【调整】/【曲线】命令，弹出曲线调整对话框，如图4-8所示。

图4-8 曲线工具界面

在曲线调整界面中，倾斜45度线与网格线的三个交点，分别代表图像中的亮调区域、中间调区域和暗调区域，可以在交点处单击建立调整控制点，在调整曲线时，最好在左上角与右下角方向进行调整。

对于一个影调正常的图像来讲，三个交点正好位于亮调、中间调和暗调的位置，若当前图像影调有问题时，需要手动拾取当前图像中的调整控制点，在曲线对话框界面中，按住【Ctrl】键的同时，依次单击图像中的亮调区域、中间调区域和暗调区域，三个控制点自动定位到曲线上，如图4-9所示。

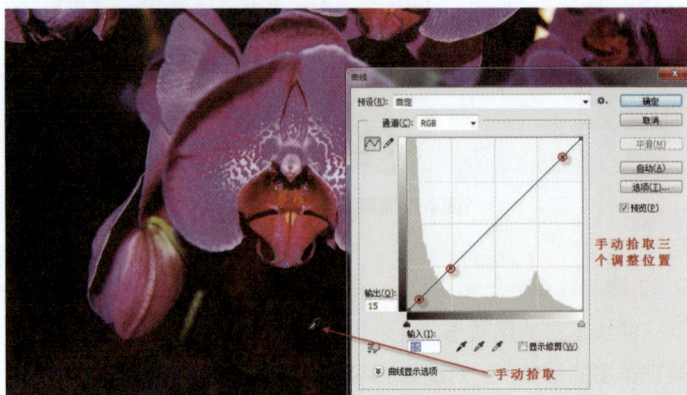

图4-9 手动拾取控制点

3. 阴影/高光

阴影/高光工具可以对图像中的阴影部分和高光部分单独进行调节，适合调整逆光图像。

打开需要修复的逆光图像文件，执行【图像】菜单/【调整】/【阴影/高光】命令，弹出对话框，可以分别调整阴影和高光的滑块，如图4-10所示。

图4-10 调整阴影/高光

参数说明：

• 阴影数量，用于调整图像中暗调区域的亮度，对于暗调区域只能进行调亮操作。

• 高光数量，用于调整图像中亮调区域的暗度，对于亮调区域只能进行调暗操作。

4. 曝光度

曝光度是用来控制图像明暗的工具。图像成像时，曝光过低或过高都不合适。跟摄影中的曝光度有点类似，曝光时间越长，照片就会越亮。

打开图像文件，执行【图像】菜单/【调整】/【曝光度】命令，弹出曝光度调整对话框，如图4-11所示。

图4-11 调整曝光度

实战案例

通过阴影/高光调整逆光图像

素材所在位置：
第4章/阴影高光.jpg

29.通过阴影高光调整逆光图像

注意事项

阴影/高光命令对于逆光图像的调整效果特别明显，并不是所有逆光图像都要进行调节，对于特意拍摄剪影的图像效果，还是尽量保持摄影师原本的创意设计。

实战案例

通过曝光度调整图像明暗

素材所在位置：
第4章/曝光度.jpg

30.通过曝光度调整图像明暗

参数说明：

• 曝光度，影响当前图像画面的曝光强度，大于0时提高曝光强度，小于0时降低曝光强度。

• 位移，用于调整图像中间灰的数值，影响图像的明暗对比度。

• 灰度系数校正，用于减淡或加深图片灰色部分，也可以提亮灰暗区域，增强暗部的层次。

5. 亮度/对比度

亮度/对比度命令操作比较直观，可以对图像的亮度和对比度进行直接的调整。

打开图像文件，执行【图像】菜单/【调整】/【亮度/对比度】命令，弹出调整对话框，如图4-12所示。

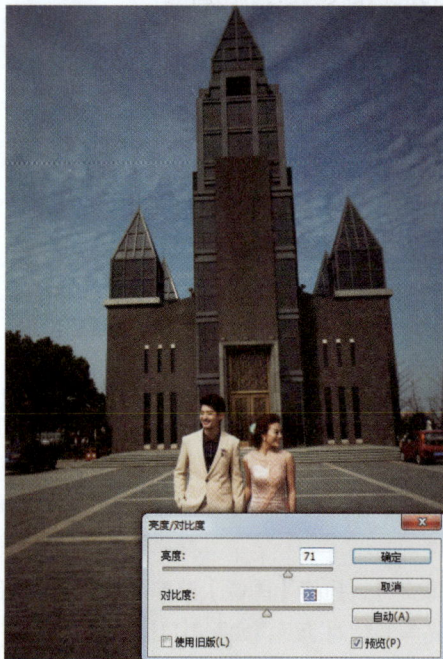

图4-12 调整亮度/对比度

📋 **实战案例**

通过亮度/对比度调整图像

素材所在位置：

第4章 / 亮度对比度.jpg

31.通过亮度对比度调整图像

✂️ **注意事项**

亮度/对比度在对图像进行调节时，可以直接影响当前图像中所有的像素颜色，从而容易导致图像细节的损失，所以在使用此命令进行调整时，需要防止对图像调整过度。

4.3 调节色调

色调，顾名思义是指当前图像的色彩基调，通常影响图像中的色彩，色调的调节是进行图像调节的重要内容。需要按照正确的图像调节顺序进行，即在影调正确的前提下，再进行色调调节。

在进行色调调节时，除了要达到某种艺术风格而特意保留的颜色之外，对于非正常产生的图像色调问题，都需要进行色调修复。

4.3.1 常见调整工具

在进行图像色调调节时，需要使用或可以使用的工具相对多一些，在进行合理调节时，也需要先来判读图像色调问题，再来确定可以使用的调整工具。因此，在给广大读者介绍工具时，从当前工具使用的场合和使用方法来介绍。

1. 色彩平衡：【Ctrl】+【B】

通过图像色彩的对比颜色，对当前图像中的亮调、中间调或暗调进行图像颜色的偏色调节，调整的效果直观明显，方便对影调修正后的色调进行调整。

打开需要进行色调调节的图像，直接按【Ctrl】+【B】组合键或执行【图像】菜单/【调整】/【色彩平衡】命令，弹出色彩平衡对话框，如图4-13所示。

图4-13 色彩平衡

在进行滑块调节时，先选择需要调整的色调范围（阴影、中间调、高光），再调整上方对应的滑块。

📑 **实战案例**

通过色彩平衡调整色调

素材所在位置：

第4章/色彩平衡.jpg

32.通过色彩平衡调整色调

🎬 **注意事项**

在进行色彩平衡调节时，需要观察图像中的颜色变化，严禁出现大面积的色块或曝光效果，一旦出现大面积相同颜色的色块或曝光时，图像很难修复。

2. 照片滤镜

照片滤镜是色调调整常用的工具，用于纠正因为环境色或环境光造成的图像偏色。

打开需要调整的图像文件，执行【图像】菜单/【调整】/【照片滤镜】命令，弹出照片滤镜对话框，如图4-14所示。

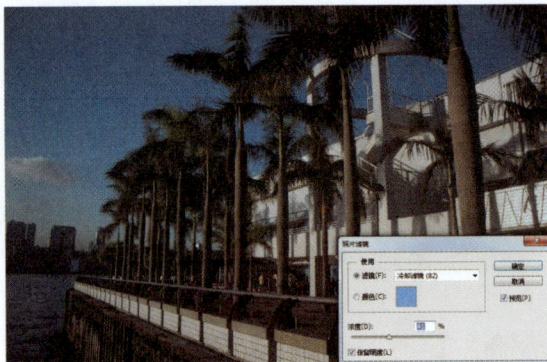

图4-14 照片滤镜

从"滤镜"后面的下拉列表中，选择一种与当前图像偏色成对比颜色的滤镜，如图像画面火热，选择冷却滤镜，画面偏冷，选择加温滤镜。调整"浓度"的百分比数值，查看预览效果，单击"确定"按钮，完成照片滤镜的调整。

3. 色相/饱和度：【Ctrl】+【U】

色相/饱和度工具用于对图像中的某个颜色、饱和度和明度进行调整，既可以调整图像整体的色彩饱和度，也可以根据选择的色相，对当前的选区进行自动"着色"，实现颜色的自然附着。

打开需要调整的图像，执行【图像】菜单/【调整】/【色相/饱和度】命令，在弹出的对话框中，调整饱和度滑块即可，调整某种颜色的饱和度时，可以在列表中选择该颜色，如图4-15所示。

图4-15 色相/饱和度

打开需要更改衣服颜色的图像，对需要更换颜色的区域建立精确选区，按【Ctrl】+【U】组合键或执行【图像】菜单/【调整】/【色相/饱和度】命令，在弹出的对话框中，选中"着色"选项，调整色相滑块，选择要更换的颜色，通过饱和度和明度滑块，进行局部调节，如图4-16所示。

图4-16 着色

4. HDR色调

HDR的全称是High Dynamic Range，即高动态范围，比如所谓的高动态范围图像（HDRI）或者高动态范围渲染（HDRR）。动态范围是指信号最高和最低值的相对比值。目前的16位整型格式使用从"0"（黑）到"1"（白）的颜色值，但是不允许所谓的"过范围"值，比如说金属表面比白色还要白的高光处的颜色值。这样可以更好地展现图像的灰阶层次。

HDR色调的图像通常可以使亮的地方非常亮，暗的地方非常暗，亮暗部的细节都很明显。

打开需要调整的图像，执行【图像】菜单/【调整】/【HDR色调】命令，弹出HDR色调对话框，从"预设"下拉列表中选择使用方案，如图4-17所示。

图4-17 HDR色调

35.通过色相饱和度更换衣服颜色

技巧分享

在使用"色相/饱和度"工具对选区内容进行着色时，可以提前在工具箱中，将需要更换的颜色设置为前景色，在色相/饱和度界面中，选中"着色"选项后，色相滑块自动切换到前景色的位置，直接更改饱和度和明度即可。

实战案例

使用HDR色调展现灰阶层次

素材所在位置：
第4章/HDR色调.jpg

36.使用HDR色调展现灰阶层次

5. 反相：【Ctrl】+【I】

反相操作是唯一不丢失颜色信息的调整方式，用于生成类似于照片底片的效果，生成强烈的色彩对比，方便在"通道"中快速实现"反选"操作。图像执行"反相"操作后，使用当前图像的对比色进行显示，如图4-18所示。

图4-18 反相操作

6. 色调均化

色调均化用于重新分布图像中像素的亮度值，以便它们更均匀地呈现所有范围的亮度级。通过色调均化操作，Photoshop尝试对图像进行直方图均衡化，即在整个灰度范围中均匀分布每个色阶的灰度值。色调均化操作没有调节对话框，由软件自动实现，如图4-19所示。

图4-19 色调均化

4.3.2　去色操作

去色，顾名思义就是去除图像中的彩色成分，保留图像中的灰阶像素成分，实现类似于以前的"黑白照片"效果。在Photoshop软件中，通常可以使用灰度模式、去色和黑白3种方式来实现去色的效果，每种方式有其自己的特点和效果。将彩色图像转换为"黑白照片"时，哪种操作更为方便，效果更为真实呢？通过以下的操作来介绍每种方法的特点。

1. 灰度模式

灰度模式通过更改图像色彩模式的方法，去除图像中的彩色信息。在灰度模式中，设置彩色颜色后，系统自动切换到对应的灰阶颜色。

去色测试：新建文件，创建R、G、B三个纯色圆形色块，执行【图像】菜单/【模式】/【灰度】命令，实现去色后的效果，如图4-20所示。

图4-20　灰度去彩色

通过灰度模式去除彩色后，发现三种颜色之间的对比度降低，每个颜色对应该的灰度效果比较自然。

2. 去色

去色的原理是将图像中的彩色信息的饱和度降为零，即图像中没有颜色信息，仅显示灰阶像素。操作的结果与"色相/饱和度"对话框中，将饱和度调整至最左侧相同。

去色测试：同样创建R、G、B三种纯色圆形色块，按【Ctrl】+【Shift】+【U】组合键或执行【图像】菜单/【调整】/【去色】命令，如图4-21所示。

图4-21　去色生成黑白效果

通过3个纯色图形去色后的效果，发现3个圆形色块颜色比较接近，在使用"颜色取样器"拾取后发现，3个纯色色块的R、G、B颜色数值均为127，因此，去色操作对于彩色图像实现黑白照片效果来讲是最弱的。

3. 黑白

同样创建R、G、B 3种纯色圆形色块，按【Ctrl】+【Shift】+【Alt】+【B】组合键或执行【图像】菜单/【调整】/【黑白】命令，在弹出的界面中，可以调整红、绿和蓝3种颜色的滑块，实现黑白图像效果，如图4-22所示。

图4-22　黑白去除彩色

在使用"黑白"命令去除彩色信息时，可以在系统默认的基础上，进行局部或某种颜色的微调处理，更加直观、真实地实现由彩色图像转换为黑白图像的操作，是以上3种方式中去除彩色最好的一种方式。

在日常图像处理需要去除彩色时，建议使用"黑白"命令的方式来实现。

4.3.3　图像调整流程

通过以上内容的介绍和讲解，大家对图像的影调、色调有了一定认识和了解，对于平时遇到的图像问题也有了解决方法，那么如果给我们一个图像，该如何调整呢？应该按什么样的顺序或是步骤来进行呢？本小节将进行汇总和分析。

Step *1*

图像分析。

对于正常的图像来讲，其实是不需要进行处理和调整的，图像分析或问题判断正确，就为后面的修图提供了正确的思路和步骤。

按【Ctrl】+【O】组合键，打开需要调整的图像，执行【窗口】菜单/【直方图】命令，查看综合RGB与单个颜色通道的关系，如图4-23所示。

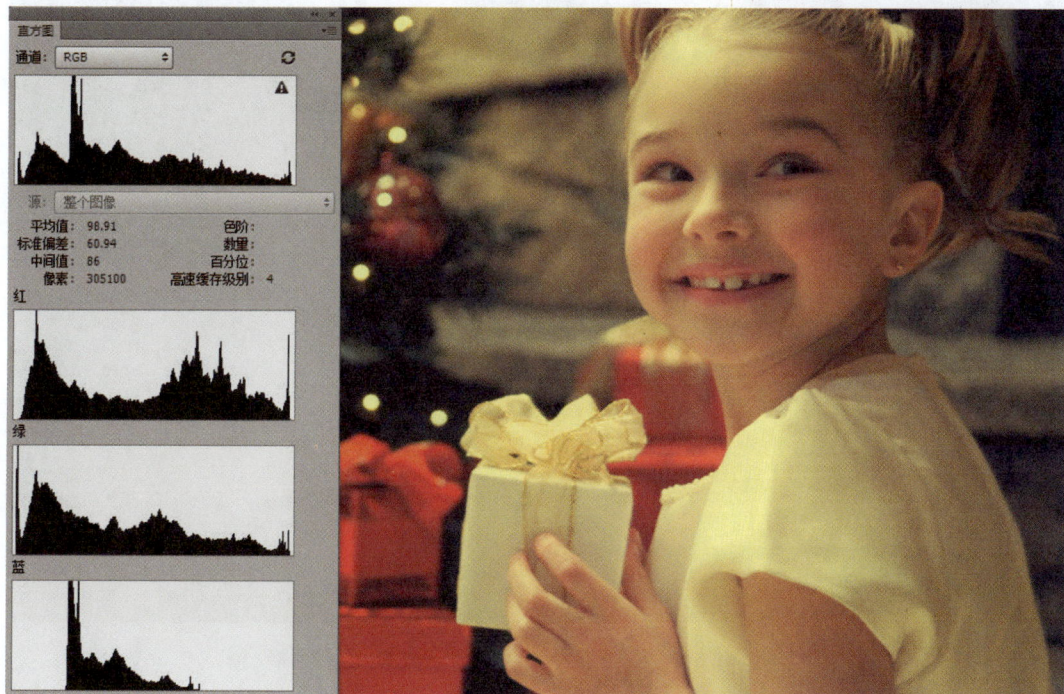

37.单一色调问题调整

图4-23 直方图信息

Step *2*

问题分析。

在对打开的图像进行观察时，发现当前图像偏"黄"，整体画面偏柔，若要达到某种艺术风格时，当前图像不需要进行处理，若是需要对图像进行调整时，需要通过直方图进一步判断。

通过综合RGB通道与单个颜色通道的对比，当前图像的影调方面没有问题，主要问题集中在蓝通道中，通过蓝通道的像素分布图来看，蓝通道中的对比效果不够明显。因此需要进行非常简单的单色补充对比度的调整操作。

Step 3

调整方法。

按【Ctrl】+【L】组合键或执行【图像】菜单/【调整】/【色阶】命令，从通道下拉列表中，选择"蓝"通道，调节直方图中左右滑块的位置，调整到有像素分布的位置即可，如图4-24所示。

图4-24 颜色调整

📝 **实战案例**

复杂偏色调整

素材所在位置：

第4章/复杂偏色.jpg

38.复杂偏色调整

Step 1

图像分析。

在进行实际调整的过程中，遇到的更多的是复杂的影调和色调错误，在进行图像调整时，需要先进行影调调整，再进行色调调整。

按【Ctrl】+【O】组合键，打开需要调整的图像，对打开的图像进行影调和色调问题查看，执行【窗口】菜单/【直方图】命令，查看综合RGB与单个颜色通道的关系，如图4-25所示。

图4-25 查看直方图

Step 2

问题分析。

通过目测观察或查看图像信息，综合的RGB通道色阶分布与单个的R、G、B通道色阶分布各不相同且差异较大，在当前页面图像中，对"中性灰"选择参照颜色时，图像中显示不明显，属于典型的色调错误。

Step 3

调整方法。

在图层面板中，单击底部的 按钮，新建色阶调整图层，调整各个通道滑块位置，使其到达像素分布区域，如图4-26所示。

图4-26 调整各个颜色通道的像素分布

单击图层面板底部的 ◑ 按钮，新建色彩平衡调整图层，分别对高光、阴影和中间调进行色彩调整，如图4-27所示。

单击图层面板底部的 ◑ 按钮，新建色相/饱和度调整图层，对色彩平衡后的部分过曝的颜色进行饱度度调节，如图4-28所示。

图4-27 色彩平衡调整图层

图4-28 色相饱和度调整

再次单击图层面板底部的 ◑ 按钮，新建照片滤镜调整图层，对于当前图像中的冷调使用加温滤镜的调整方法，如图4-29所示。

图4-29 照片滤镜调整图层

🖊 **技巧分享**

在进行复杂色调调整时，通过"调整图层"的方法，可以方便地进行每一步的调整和撤销，对原图不会造成覆盖性破坏；在进行调整时，不需要记住每一次的参数，可以掌握调整的顺序，多调整几回并建立快照，最终选择修复相对较好的为最终的调整结果。

通过上述的操作，可以将复杂的偏色图像进行修复，对于图像的细微调节，也会因为显示器的偏色而影响最后的结果。

4.4 实战演练

1. 增强图像的清晰度

原图和最终效果如图4-30所示。

图4-30 增强清晰度

2. 修复图像偏色

原图和最终效果如图4-31所示。

图4-31 修复偏色

📄 **实战案例**

增强图像的清晰度

素材所在位置：

第4章 / 练习1.jpg

39.增强图像的清晰度

📄 **实战案例**

修复图像偏色

素材所在位置：

第4章 / 练习2.jpg

40.修复图像偏色

CHAPTER 5

图层

图层是 Photoshop 软件重要的核心功能之一，也是许多设计师喜欢 Photoshop 软件的原因，通过图层可以调整页面内容的位置和前后层叠顺序，方便再次进行修改和编辑。图层样式、图层混合模式和图层蒙版可以通过图层的功能，来满足日常设计工作的需求。

本｜章｜要｜点

- 图层样式
- 图层模式
- 图层蒙版

5.1 图层样式

在Photoshop软件中，图层样式是指通过图层的叠加透视产生的特殊效果，图层样式是Photoshop软件中用于制作各种效果的强大功能模块，利用图层样式功能，可以简单快捷地制作出各种立体投影、各种质感以及光影效果的图像特效。与不用图层样式的传统操作方法相比较，使用图层样式进行操作具有速度更快、效果更精确、可编辑性更强等传统操作方法无法比拟的优势。

5.1.1 图层样式面板

Photoshop软件中，对于图层样式的操作，提供了固定的常用样式，可以直接选择现有的样式来使用，也可以根据需要进行图层样式的添加，满足日常设计的需求。

1. 使用样式

在当前文件中，输入文字并调整大小，执行【窗口】菜单/【样式】命令，打开样式面板，直接单击需要选用的样式按钮即可，如图5-1所示。

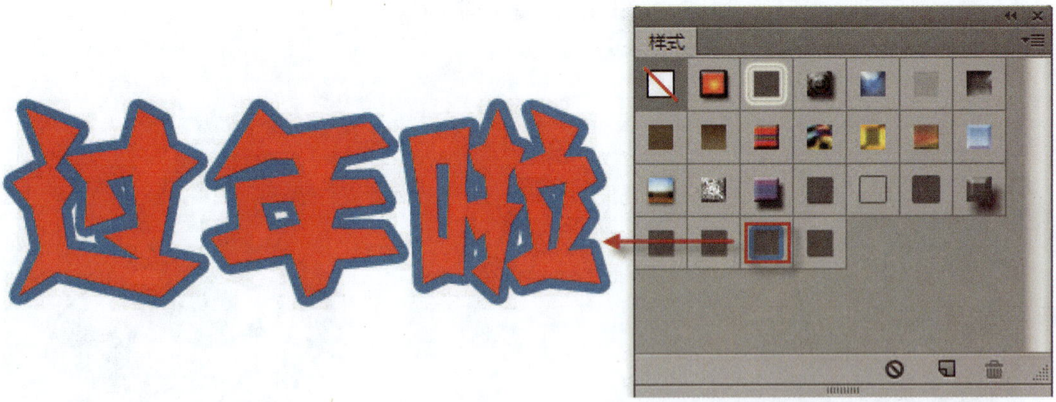

图5-1 应用样式

在样式面板中，可以直接单击其他的样式按钮，进行样式切换，单击样式面板左上角的 ⊘ 按钮，可以取消样式。

2. 添加样式

软件系统默认时集合了许多样式，可以根据实际的工作需要进行载入和关闭，单击样式面板右上角的 ▼☰ 按钮，从弹出的下

拉列表中选择样式，在弹出的对话框中，选择"添加"即可，如
图5-2所示。

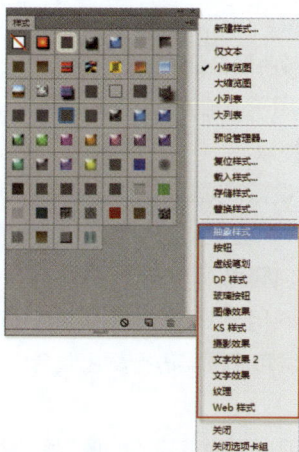

图5-2 添加样式

通过系统提供的图层样式，可以快速实现简单的文字或图像
特效，读者可以自行单击按钮查看具体的样式，在此不再赘述。

5.1.2　图层混合样式

在使用图层样式时，除了系统提供的默认样式以外，还可以
自定义图层样式，方便实现图层样式特效，也可以添加到图层样
式面板，方便下次快捷载入和使用。图层样式分为混合样式和单
一样式。

1. 混合样式

选择需要添加样式的图层，单击图层面板底部的 **fx** 按钮或
双击当前图层，在弹出的图层样式对话框中，进行参数设置，如
图5-3所示。

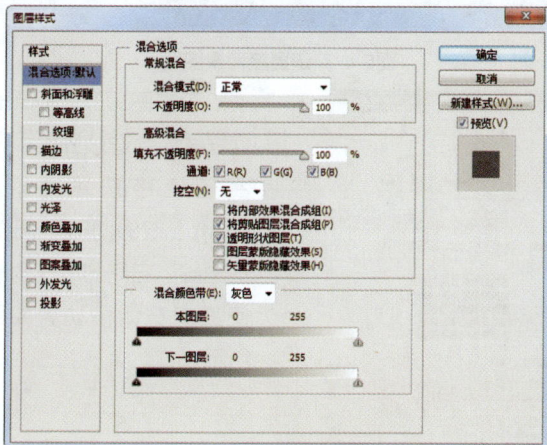

图5-3 混合选项

2. 参数说明

- **混合样式：** 默认为"正常"方式，即当前图层中的内容遮挡底层中的图像区域。可以切换不同的混合方式，实现当前图层与底部图层之间的颜色混合计算。

- **不透明度：** 用于设置当前图层的不透明效果，与图层面板中的填充不透明度类似。

- **挖空：** 用于设置根据当前图层内容的区域，对底部内容的挖空，分为浅和深两种方式，其中浅挖空用于影响当前图层组，深挖空用于影响当前图层以下的所有图层。

- **混合颜色带：** 用于设置当前图层与底层颜色进行的自动混合，可以对当前图层和底图层进行颜色混合，方便进行毛发边缘图像的提取。

打开需要提取或是更换背景的图像，新建图层并填充需要更换的背景颜色，如图5-4所示。

41.灰色背景图像提取

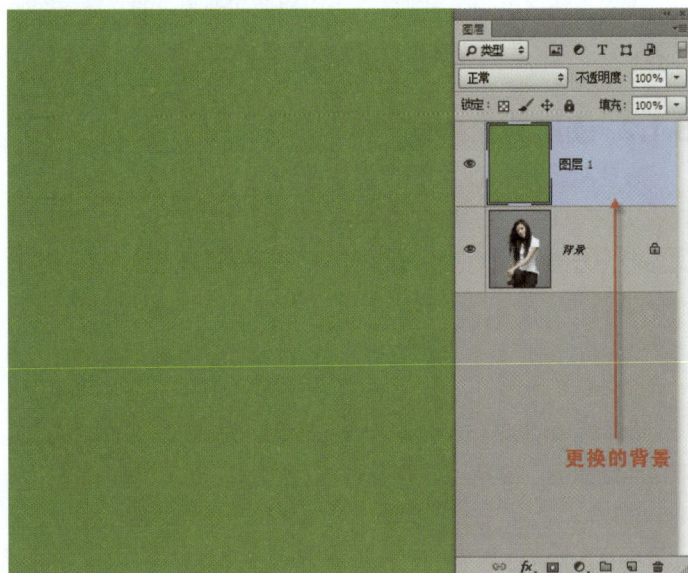

图5-4 新建更换背景图层

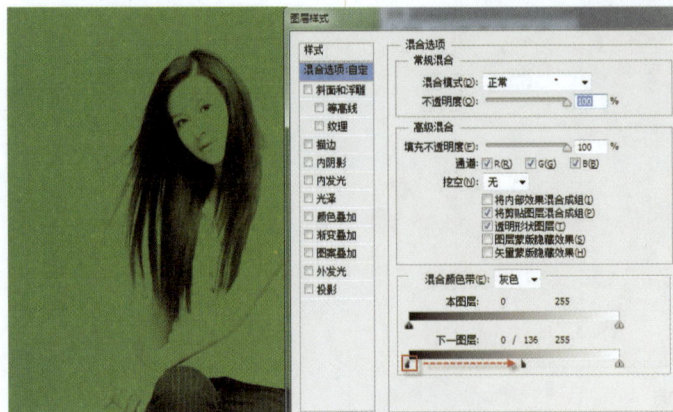

双击图层1，在弹出的图层样式混合选项界面中，在混合颜色带选项中，按住【Alt】键的同时，调整"下一图层"左侧的黑三角滑块，使其向右侧移动，如图5-5所示。

图5-5 调整滑块

单击"确定"按钮，在工具箱中选择"历史记录画笔工具"，调整画笔笔刷大小和硬度，在图层1中，涂抹人体毛发之外的图像区域，实现图像更换背景的操作，如图5-6所示。

图5-6 更换背景图像

5.1.3 其他图层样式

在图层样式面板中，除了混合样式以外，还包括斜面和浮雕、描边、内阴影、内发光、光泽、颜色叠加、渐变叠加、图案叠加、外发光和投影等图层样式，每种图层样式既可以单一地使用，也可以相互结合，实现特殊的图层样式效果。

1. 投影

投影可以实现当前图层内容边缘的自动投影，方便增强文字或内容的立体样式。在使用时，可以根据投影的参数，设置投影的样式效果，如图5-7所示。

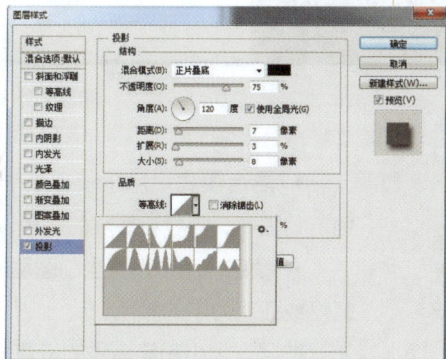

图5-7 投影样式

参数说明如下。

- **角度：** 用于设置投影的入射角度，通常为45度或120度。
- **距离：** 用于设置投射的阴影与原对象之间的距离。
- **扩展：** 用于设置距离和大小之间的羽化的比例，方便实现边缘的模糊程度。
- **大小：** 用于设置阴影边缘的羽化效果，数值不宜过大，否则输出时边缘容易出现大量毛边。
- **等高线：** 用于设置投影边缘的过渡样式，可以从下拉列表中选择样式，可以自动进行效果预览，在调整等高线样式时，投影的"大小"参数不宜过大。

2. 外发光

外发光样式通常用于实现文字的发光效果，可以实现类似于霓虹灯的文字效果，在使用时，由于默认的外发光混合模式为"滤色"，因此，需要将文字的背景设置为深色（如黑色），以方便查看外发光文字效果。

新建文件，背景填充为黑色，输入文字内容，调整大小和位置，双击文字图层，在弹出的图层样式对话框中，单击左侧列表中的"外发光"样式，设置外发光参数，如图5-8所示。

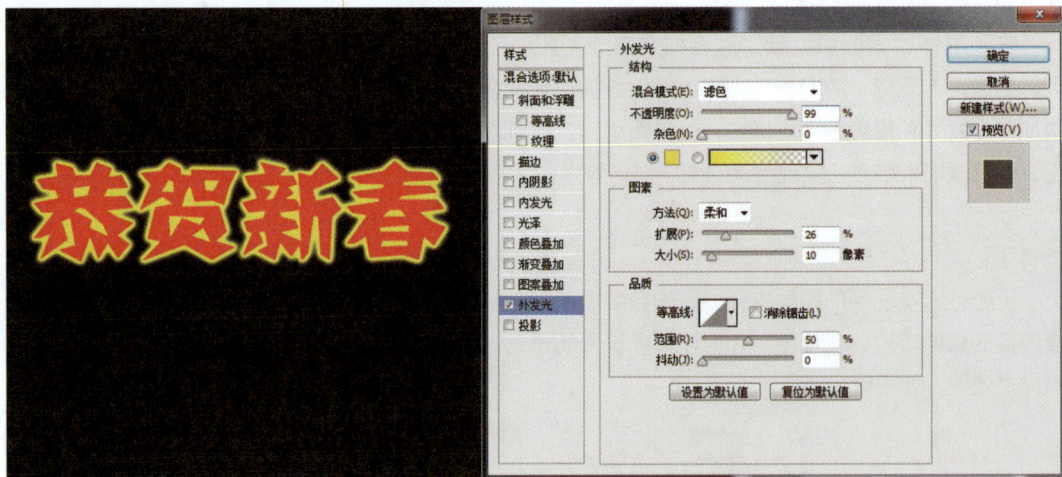

图5-8 外发光样式

参数说明如下。

- **混合模式：** 用于设置当前图层的混合样式，默认为"滤色"，因此，需要将底层的颜色设置为深色。
- **颜色：** 用于设置当前图层的外发光的颜色，可以设置为霓虹灯或亚克力字的颜色。

扩展、大小和等高线的设置方法与"投影"类似，在此不再赘述。

注意事项

投影的效果样式是从当前图层对象的边缘开始进行投影，内阴影的图层样式是从当前图层对象的边缘向内侧进行投射阴影。

注意事项

外发光与内发光的关系，与前述阴影和内阴影的关系类似，读者可以自行设置查看样式效果，在此不再赘述。

3. 斜面和浮雕

斜面和浮雕样式是Photoshop软件中最复杂的图层样式，可以很容易地实现当前图层的立体效果，在浮雕样式中包括内斜面、外斜面、浮雕、枕形浮雕和描边浮雕，虽然每一项设置选项都是一样的，但是制作出来的效果却大相径庭。

新建文件，新建图层，创建选区并填充颜色，双击图层1，在弹出的图层样式对话框中，选中左侧列表中的"斜面和浮雕"复选框，设置参数，如图5-9所示。

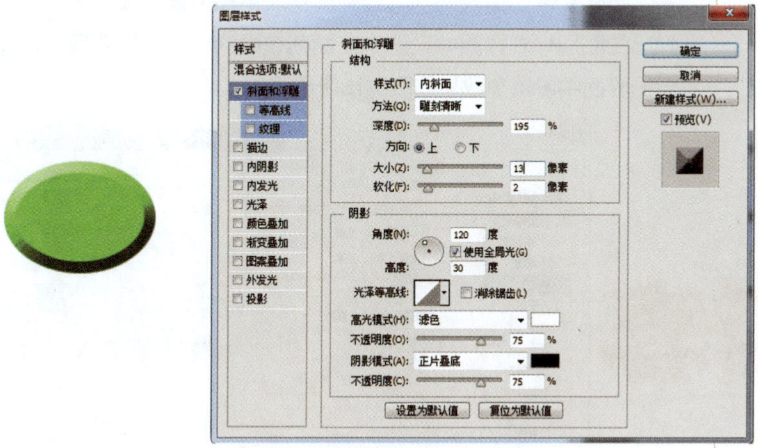

图5-9 斜面和浮雕

参数说明如下。

• **样式：**用于设置斜面和浮雕的外观样式，分为内斜面、外斜面、浮雕、枕形浮雕和描边浮雕等不同样式。

• **方法：**用于设置斜面和浮雕的边缘处理方法，分为平滑、雕刻清晰和雕刻柔和等三种方式，直接影响浮雕边缘的外观样式效果。

• **深度：**用于设置浮雕的"层深"效果，"深度"必须和"大小"配合使用，"大小"一定的情况下，用"深度"可以调整高度方向的截面梯形斜边的光滑程度。

• **阴影：**该组参数用于设置斜面和浮雕样式中，对阴影区域的参数处理。

• **等高线：**等高线属于斜面和浮雕样式组中的子参数，"斜面和浮雕"样式中的等高线容易让人混淆，除了在对话框右侧有"等高线"设置，在对话框左侧也有"等高线"设置。其实仔细比较一下就可以发现，对话框右侧的"等高线"是"光泽等高线"，这个等高线只会影响"虚拟"的高光层和阴影层。而对话框左侧的等高线则是用来为对象（图层）本身赋予条纹状效果。这两个"等高线"混合作用的时候经常会产生一些让人不太好捉摸的效果。

- **纹理：** 纹理用来为图层添加材质，其设置比较简单。首先在下拉框中选择纹理，然后对纹理的应用方式进行设置。

4. 描边

　　描边的图层样式用于在当前图层对象的边缘增加有颜色的描边，通常用于实现文字的描边效果。若需要实现文字的描边效果，可在编辑文字内容后，自动匹配描边样式，这与"编辑"菜单中的"描边"是有所不同的。

　　新建文件，输入文字内容并调整大小和位置，双击图层，在弹出的图层样式界面中，选中左侧列表中的"描边"选项，在弹出的界面中设置参数，如图5-10所示。

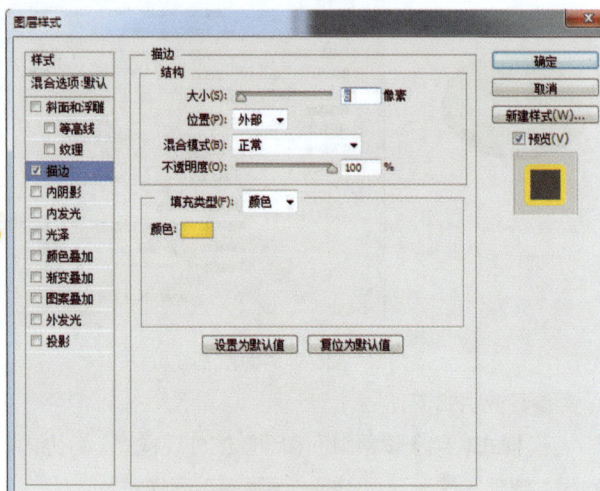

图5-10 描边

参数说明如下。

- **大小：** 用于设置当前描边轮廓的像素大小数值。
- **位置：** 用于设置当前描边的位置，分为外部、居中和内部三种方式。
- **混合模式：** 用于设置描边的颜色与底部图层的混合方式，默认为正常样式。
- **填充类型：** 用于设置描边的内容，分为颜色、渐变和图案等方式。
- **颜色：** 用于设置描边区域的颜色。

5. 图案叠加

　　图案叠加样式用于设置另外的图案与当前图层内容进行叠加覆盖，方便实现图案的自动匹配。其基本参数界面如图5-11所示。

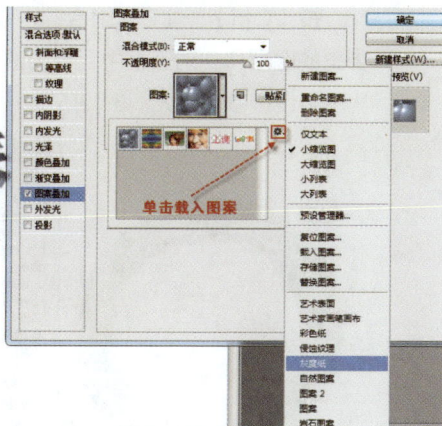

图5-11 图案叠加

参数说明如下。

- **混合模式：**用于设置叠加图案与当前图层内容的混合方式。

- **不透明度：**用于设置叠加图案的不透明程度。

- **图案：**用于设置与当前图层内容进行叠加的图案，可以从下拉列表中选择，也可以从图案列表中选择新的图案并载入当前页面，再进行图案选择。

通过上面不同图层样式的介绍和学习，实现以下的综合案例。案例仅是图层样式应用的一部分，起抛砖引玉的作用，更多的案例，还请广大读者关注乐学吧官网。

新建文件，新建图层，创建圆形选区，填充颜色，执行【选择】菜单/【变换选区】命令，按住【Shift】+【Alt】组合键，单击鼠标拖动选区的控制角点，向中间缩放，然后按【Del】键，将中间区域删除，如图5-12所示。

注意事项

图层样式对话框中的其他参数的设置相对简单，在此不再赘述。

实战案例

用图层样式制作玉手镯

素材所在位置：

第5章/玉手镯.jpg

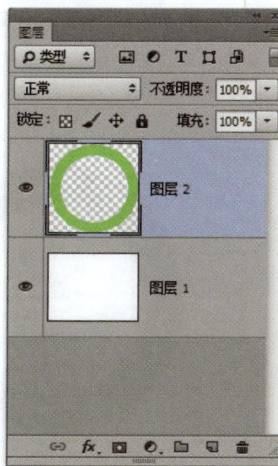

42.用图层样式制作玉手镯

图5-12 创建圆环

按【Ctrl】+【D】组合键，取消当前选区，双击图层2，在弹出的图层样式对话框中，单击选中左侧"投影"样式，在右侧界面中设置参数，如图5-13所示。

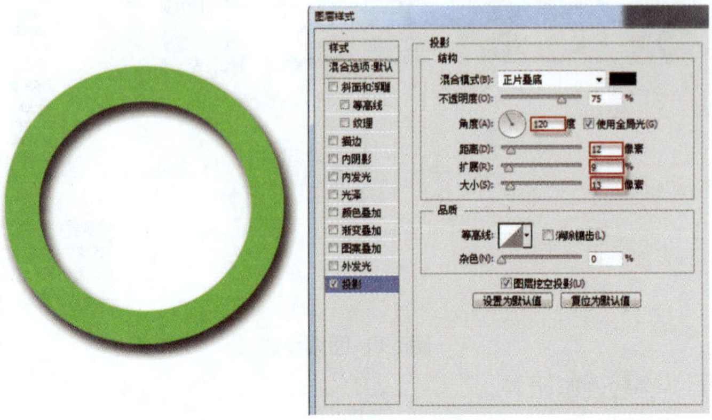

图5-13 投影样式和参数

选中图层样式对话框中左侧"斜面和浮雕"选项，在右侧界面中设置图层样式参数，如图5-14所示。

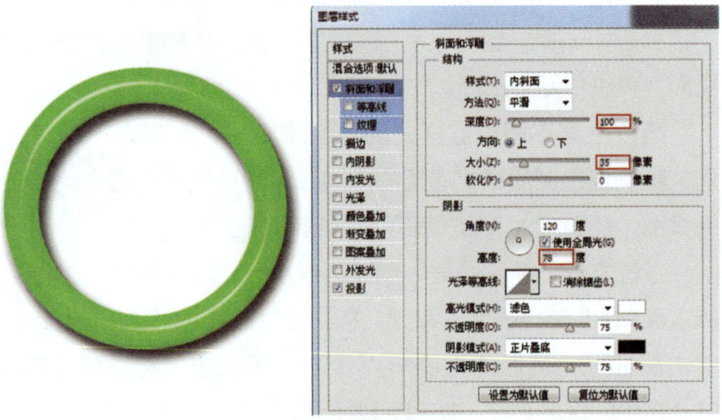

图5-14 斜面和浮雕样式

选择图层样式对话框中左侧"颜色叠加"选项，在右侧界面中设置图层样式参数，如图5-15所示。

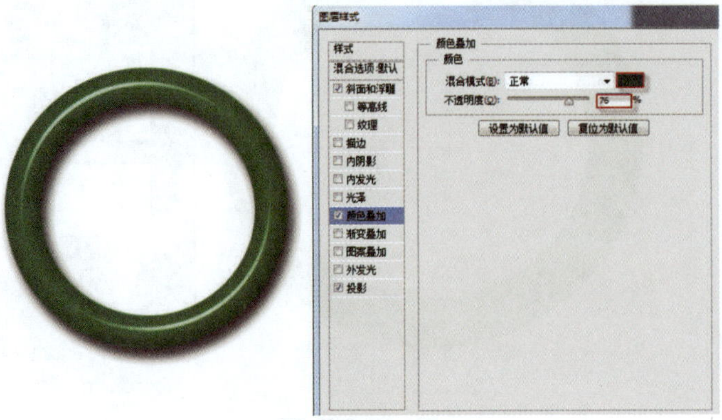

图5-15 颜色叠加样式

选择图层样式对话框中左侧"渐变叠加"选项，在右侧界面中设置图层样式参数，如图5-16所示。

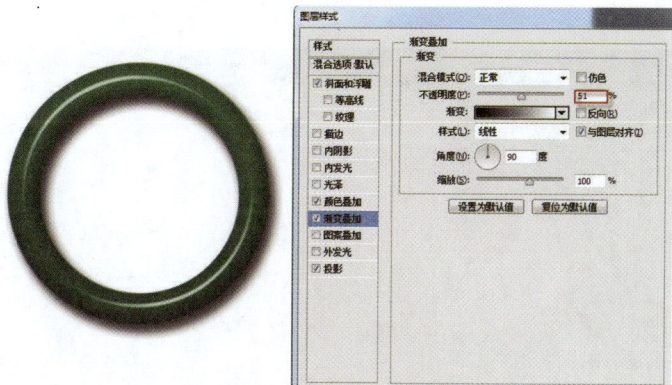

图5-16 渐变叠加样式

选择图层样式对话框中左侧"图案叠加"选项，在右侧界面中设置图层样式参数，如图5-17所示。

选择岩石图案

图5-17 图案叠加样式

水印的应用对我们来讲并不陌生，水印通常以半透明的文字样式显示在图像边缘或特别重要的位置，防止别人盗用图像对原作者造成不必要的版权侵害，通过图层样式来实现水印效果非常简单方便。

打开需要添加水印的图像文件，输入文字内容或粘贴防伪图形符号，双击图层，添加"斜面和浮雕"的图层样式，参数保持默认，如图5-18所示。

图5-18 斜面和浮雕

技巧分享

在制作玉手镯时，对于颜色的选择、图案以及缩放比例的控制，将影响最终的玉石效果，因此，新建文件页面尺寸不同时，图案的缩放比例也会相应不同。

实战案例

用图层样式制作文字水印

素材所在位置：

第5章/水印.jpg

单击"确定"按钮，退出图层样式设置对话框，在图层面板中，将"填充"颜色设置为0，生成防伪文字效果，如图5-19所示。

图5-19 更改图层填充不透明度

通过图层样式的透明叠加，产生水晶字的文字效果，也可以将当前样式存储，方便以后快速载入和应用。

新建文件，输入文字并调整大小和位置，字体样式尽量选择粗体样式，文字颜色设置为粉红色，双击图层，添加投影图层样式，如图5-20所示。

■ 实战案例

用图层样式制作水晶字效果

44.用图层样式制作
水晶字效果

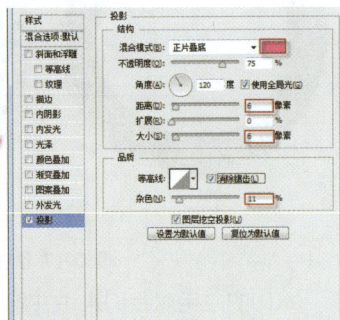

图5-20 投影样式

选择图层样式对话框中左侧"内阴影"选项，在右侧界面中设置图层样式参数，如图5-21所示。

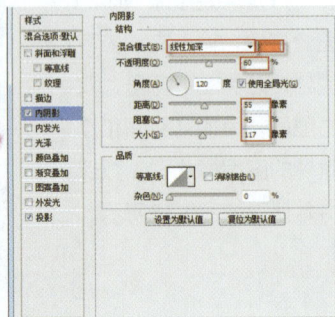

图5-21 内阴影参数

选择图层样式对话框中左侧"内发光"选项，在右侧界面中设置图层样式参数，如图5-22所示。

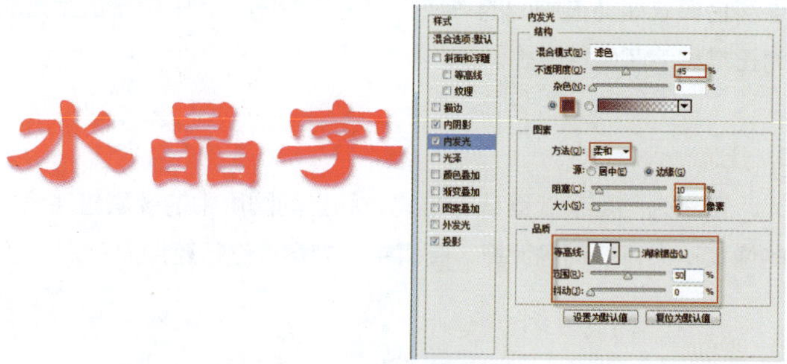

图5-22 内发光图层样式

选择图层样式对话框中左侧"斜面和浮雕"选项，在右侧界面中设置图层样式参数，至此，完成水晶字文字效果样式的设置，如图5-23所示。

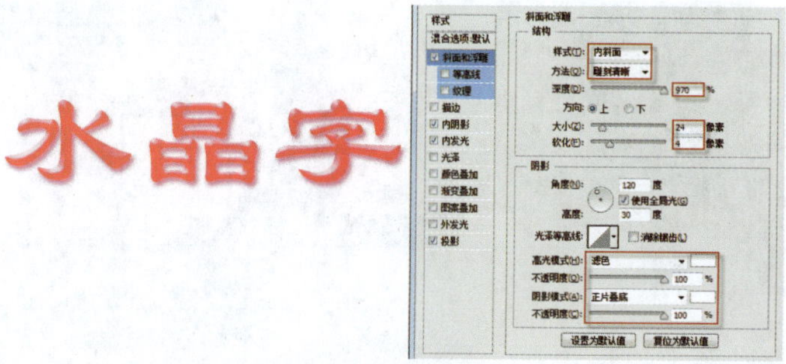

图5-23 斜面和浮雕样式

🖋 **技巧分享**

在使用图层样式进行调节时，对于当前的图层样式，可以单击图层样式对话框右上角的"新建样式"按钮，输入名称，将其保存到样式面板中，再次使用时，选择图层后，直接单击样式按钮即可。

5.2 图层模式

在Photoshop软件中，混合模式分为填充混合模式、计算混合模式和图层混合模式等三种方式，图层混合模式简称图层模式，属于其中应用相对较广的一种计算方式。

图层与图层之间，默认时只是有遮挡影响，即当前层会遮挡住底部图层内容，图层模式是指当前图层中的像素与底层中的像素在垂直方向上的计算。在Photoshop软件中，图层模式在计算时，内部是颜色数值的计算，反映出来的是图层混合后，颜色发生的变化。

5.2.1　正常、溶解

在图层列表中，打开图层混合模式后，会发现不同类别的图层混合模式是通过中间的"灰线"进行分隔，其中位于最上方的为正常和溶解两种模式。

1. 正常

正常为图层模式默认的方式，即当前图层中的像素与底层中的像素不进行任何的计算。图层中的内容只进行遮挡显示。

2. 溶解

溶解模式通常用于图层透明度小于100%时，当前层与底层进行颗粒状混合计算，方便实现颗粒状的图层显示效果。

打开文件，在图层面板中，新建图层，填充或涂抹颜色，将图层模式更改为"溶解"，设置填充不透明度，如图5-24所示。

图5-24 溶解混合模式

5.2.2　变暗类混合模式

在图层混合模式列表中，变暗类混合模式包括变暗、正片叠底、颜色加深、线性加深和深色等方式，变暗类混合模式的计算方式是当前图层与底层进行计算，去除亮调或白色，只保留暗调或深色，最终显示的效果比当前或底部图层中的影调都暗，通俗地来讲就是"去白留黑"。下面重点介绍常用的正片叠底模式。

在变暗类混合模式中，正片叠底的混合方式是以中性灰（灰阶值为128）为界，当前层灰阶值大于128时，显示底层，当前层灰阶值小于128时，显示当前层。正片叠底的混合方式效果最为标准和柔和，也是应用最为广泛的混合方式之一。

新建文件，尺寸为256×256像素，按【D】键，保持默认前/背景色，在工具箱中选择"渐变工具"，使用从前景到背景的线性渐变，在背景层中从上至下进行填充，新建图层，再次使用渐变工具，从左至右进行填充，如图5-25所示。

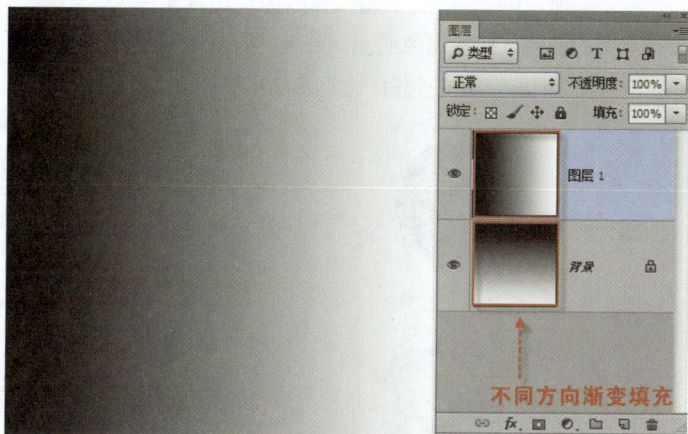

图5-25 新建图层并进行填充

将图层1的混合模式更改为"正片叠底",单击图层面板底部的 ⬭ 按钮,选择"色调分离"并设置色阶为10,查看正片叠底的混合结果,如图5-26所示。

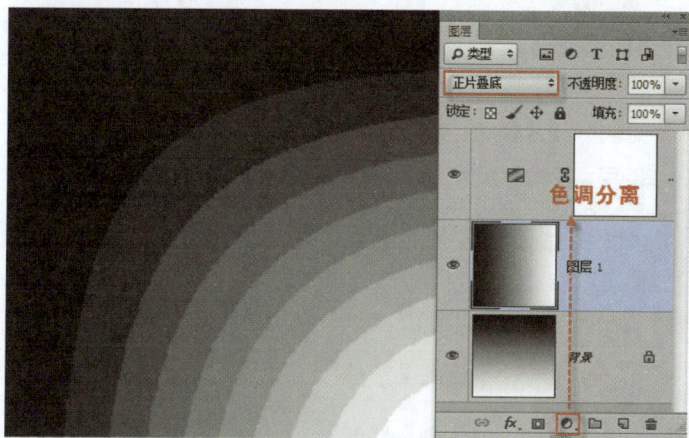

图5-26 正片叠底结果

打开需要印制图案的文件,将图案文件复制并粘贴在当前文件中,通过【Ctrl】+【T】组合键,调整大小和位置,如图5-27所示。

总结分析

在使用正片叠底进行计算时,最终显示的为图像的暗调部分。正片叠底是"去白留黑"最好的混合方式,其他的混合模式由于应用相对较少,在此不再赘述。

实战案例

用正片叠底印制图案

素材所在位置:
第5章 / 图案.jpg、印图案.jpg

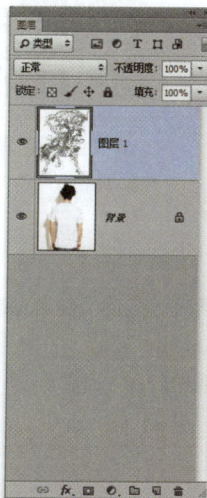

图5-27 调整图案位置

　　将图案所在的图层1混合模式更改为"正片叠底"，自动去除图案中的白色，保留黑色的图案部分，并与背景层进行很自然的融合，实现印制图案的效果，如图5-28所示。

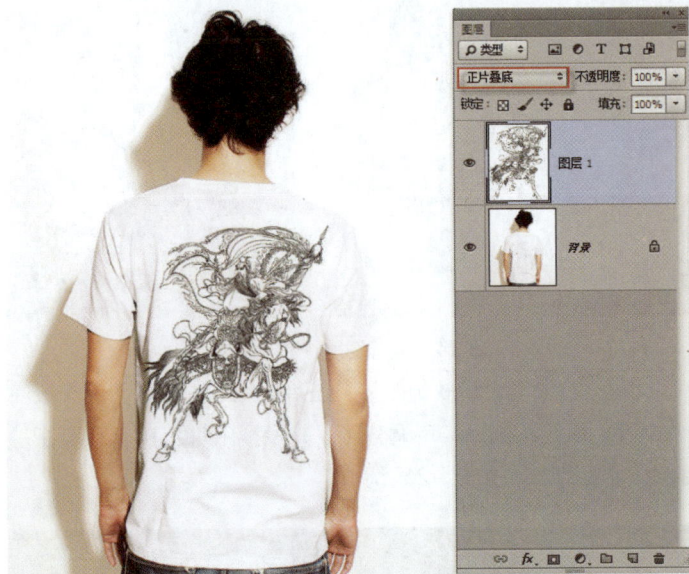

45.用正片叠底印制
图案

图5-28 更改混合模式

　　通过"正片叠底"的图层样式，也可以实现纯白背景图像与底层的自动融合，如图5-29所示。

📝 **实战案例**

用正片叠底实现图像融合

素材所在位置：
第5章/正片叠底.jpg、正片叠底
应用.jpg

图5-29 应用参考

46.用正片叠底实现
图像融合

📝 **实战案例**

用正片叠底调整曝光过度图像

素材所在位置：
第5章/曝光过度.jpg

　　根据正片叠底"去白留黑"的特点，可以将它用于纠正曝光过度的图像，只需要将待调整的图像复制背景层，并更改新图层的图层混合模式为"正片叠底"即可，如图5-30所示。

图5-30 调整曝光过度图像

47.用正片叠底调整
曝光过度图像

5.2.3 变亮类混合模式

在图层混合模式列表中，变亮类混合模式与变暗类混合模式相对应，包括变亮、滤色、颜色减淡、线性减淡和浅色等方式，变亮类混合模式的计算方式是当前图层与底层进行计算，去除暗调或黑色，只保留亮调或浅色，最终显示的效果比当前或底部图层中的影调都亮，通俗地来讲就是"去黑留白"。下面重点讲解常用的滤色模式。

在变亮类混合模式中，滤色的混合方式是以中性灰（灰阶值为128）为界，当前层灰阶值大于128时，显示当前层，当前层灰阶值小于128时，显示底层。与"正片叠底"类似，滤色也是应用最为广泛的混合方式之一。

滤色混合模式的原理与"正片叠底"正好相反，经过图层混合模式的计算，最终保留图像中的亮调部分，在此不再赘述。

打开需要调整影调的图像，直接按【Ctrl】+【J】组合键，生成新的图层，将当前图层的混合模式改为"滤色"，对于曝光仍达不到要求的，可以再次按【Ctrl】+【J】组合键，对于曝光有部分过度时，可以更改当前图层的不透明度，如图5-31所示。

实战案例

调整曝光不足的图像

素材所在位置：

第5章/滤色调整.jpg

48.调整曝光不足的
图像

图5-31 调整曝光不足图像

5.2.4 中性灰类混合模式

在图层混合模式中，中性灰类混合模式包括叠加、柔光、强光、亮光、线性光、点光和实色混合等方式，该组混合模式，通常是以图像中的灰阶为依据，进行混合模式的计算。下面重点介绍常用的叠加和柔光模式。

1. 叠加模式

叠加混合模式是以中性灰（灰阶值为128）为临界点，若当前层中的像素灰阶值大于128时，图像变亮，若当前层中的像素灰阶值小于128时，图像变暗，若正好为128时，当前层中的内容不显示。

打开任意的彩色图像文件，新建图层，按【D】键，对当前图层执行从黑到白的线性渐变填充，更改图层混合模式为"叠加"，如图5-32所示。

49.使用叠加模式制作下雪场景

图5-32 叠加混合模式

打开图像文件，新建图层，按【Shift】+【F5】组合键，在弹出的界面中，选择50%灰色，对当前图层进行填充，在图层样式面板中，单击选择"雪"样式，若没有，可以在图层样式面板中，加载"图像效果"，如图5-33所示。

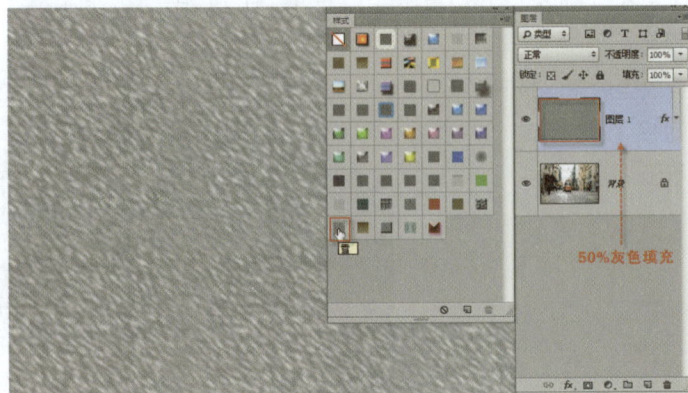

图5-33 填充和加载样式

更改当前图层的混合模式为"叠加"，适当调整图层的不透明度，实现下雪场景，如图5-34所示。也可以加载"雨"图层样式，实现下雨场景。

图5-34 下雪场景

2. 柔光模式

柔光模式是一种"化妆"类图层混合模式，根据当前图层中的颜色与底层进行计算，可以在保持灰阶变化的前提下，进行颜色融合，实现自然的化妆效果。

打开需要化妆的图像，新建图层，设置前景色，选择画笔工具并设置大小和边缘的羽化程度，在当前需要化妆的部位进行涂抹，更改图层混合模式为"柔光"，如图5-35所示。

图5-35 柔光模式

实战案例

用柔光模式给人物化妆

素材所在位置：
第5章 / 素颜.jpg

50.用柔光模式给人物化妆

技巧分享

在使用柔光模式给人物化妆时，对于不同的化妆部位需要建立不同的图层，方便单独调节不同的颜色和不同的透明度。

5.2.5 其他类混合模式

在图层混合模式列表中，其他类混合模式相对来讲，没有特别的统一规律，每种混合模式都有自己的运算方式和使用情况。在此，将常用的混合模式给大家介绍一下。

1. 差值

在"差值"模式中，查看每个通道中的颜色信息可以发现，"差值"模式是将图像中"基色"颜色的亮度值减去"混合色"颜色的亮度值，如果结果为负，则取正值，产生反相效果。由于黑色的亮度值为0，白色的亮度值为255，因此用黑色着色不会产生任何影响，用白色着色则产生被着色的原始像素颜色的反相效果。

通过差值混合模式，可以方便地实现局部的反相效果，如图5-36所示。

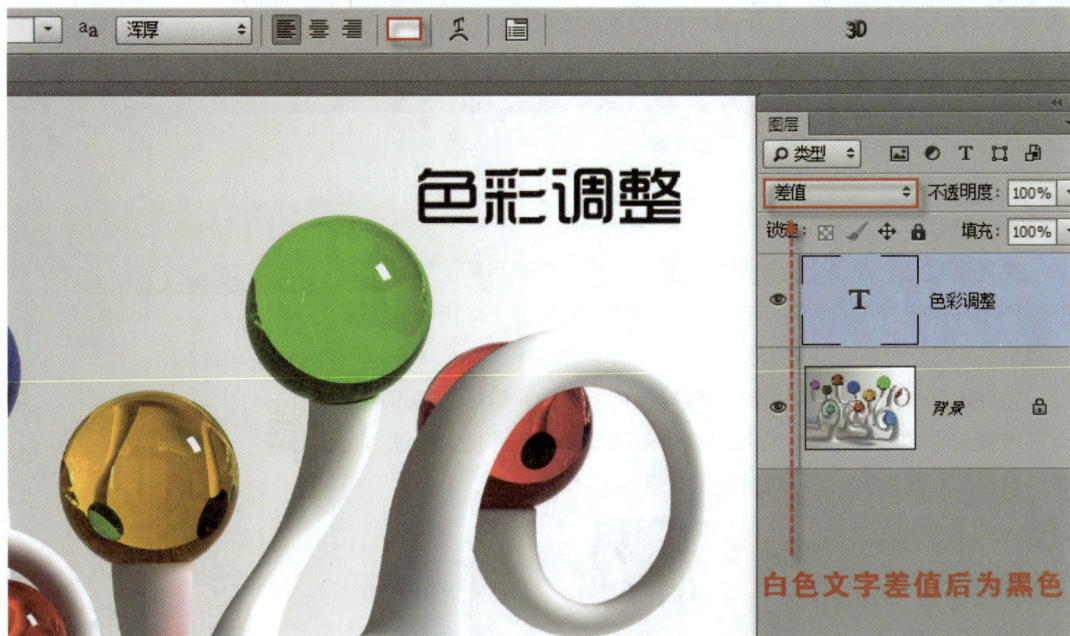

图5-36 差值模式

2. 颜色模式

颜色模式是一种可以给黑白照片上彩色的模式，与"柔光"模式类似，根据图像的灰阶颜色对比，当前层与底层进行自动的颜色融合。

通过颜色模式给黑白照片上彩色时，也是需要针对不同的上色对象，建立不同的图层，方便单独控制和调整不透明度，如图5-37所示。

图5-37 黑白图像上彩色

5.3 图层蒙版

蒙版在Photoshop软件中应用相当广泛。蒙版最大的特点就是可以反复修改，却不会影响到本身图层的任何构造，如果对蒙版调整的图像不满意，可以去掉蒙版，原图像又会重现，真是非常神奇的调整工具。

蒙版根据其特点和使用方法，可以分为快速蒙版、图层蒙版、矢量蒙版和剪切蒙版等四种类型，每种蒙版都有其使用的特征和场景，在本节中，重点给广大读者介绍常用的图层蒙版。

图层蒙版是指在图层面板中，为了保护某区域不受编辑的影响，而临时遮挡的一部分区域，通过画笔可以方便地实现撤销与还原的操作。根据蒙版所载入的颜色不同，可以将其分为白蒙版、黑蒙版和灰蒙版三种类型。

5.3.1 白蒙版

白蒙版是指在图层面板底部单击"添加图层蒙版"按钮后，生成的缩略图颜色为白色的蒙版，也是图层蒙版默认时的状态，在白蒙版中，可以使用黑色涂抹进行图像局部还原。

打开图像文件，将另外的文件复制并粘贴到当前文件中，通过【Ctrl】+【T】组合键，调整大小和位置，单击图层面板底部的 ▣ 按钮，添加白色图层蒙版，如图5-38所示。

图5-38 添加白蒙版

在工具箱中，选择画笔工具，调整大小和边缘羽化效果，按【D】键，设置前景色为黑色，在图层1人物之外的背景区域单击并涂抹，涂抹区域过大时，可以按【X】键，使用白色进行恢复操作，实现图层1与背景层的无缝拼接，如图5-39所示。

图5-39 图像拼接

5.3.2 黑蒙版

黑蒙版与白蒙版是相对来讲的，在白蒙版上进行黑色涂抹时，若需要涂抹的区域较大，可以在添加蒙版的同时，直接填充大面积的黑色，即为黑蒙版。具体操作时，在按住【Alt】键的同时，单击图层面板底部"添加图层蒙版"按钮，即可自动添加黑蒙版。

打开图像，将另外的图像复制并粘贴到当前文件，通过【Ctrl】+【T】组合键，调整图像大小和位置，按住【Alt】键的同时，单击图层面板下方的 ▣ 按钮，添加黑蒙版，如图5-40所示。

图5-40 添加黑蒙版

52.用黑蒙版替换局部内容

按【D】键，设置为默认的前景/背景颜色，选择画笔工具，调整大小和边缘羽化程度，在图像中单击并涂抹，恢复需要显示的少量图像区域，如图5-41所示。

图5-41 黑蒙版

实战案例

用灰蒙版增强图像层次

素材所在位置：
第5章 / 灰蒙版.jpg

5.3.3 灰蒙版

灰蒙版在某种意义上来讲，是调整图层衍生的一种操作方式，对于图像层次不明显或是灰阶太集中的图像，可以通过载入对比明显的通道，进行灰阶叠加，增加图像明暗的对比。对于调整图层，将会在下一节知识点中进行讲解和介绍。

53.用灰蒙版增强图像层次

打开需要增强图像明暗层次的图像，按【Ctrl】+【J】组合键，生成图层1，切换到"通道"面板中，查看明暗对比明显的通道，按【Ctrl】键的同时，单击载入选区，如图5-42所示。

图5-42 载入对比明显的通道选区

单击通道面板顶部的"RGB"，返回综合RGB通道，单击图层面板，在保持有选区的前提下，单击图层面板底部的 ▣ 按钮，载入灰阶通道的蒙版，如图5-43所示。

图5-43 灰蒙版

单击鼠标选择蒙版对象，通过【Ctlr】+【L】组合键，增强灰阶图像的对比度，将图层1的混合模式改为"叠加"，实现灰蒙版增加图像灰阶对比的操作，如图5-44所示。

图5-44 增强图像灰阶对比

5.3.4 调整图层

调整图层是Photoshop CS4版本增加的一项调整功能，属于图层蒙版的一种调整方式，可以在保护原图像的基础上进行调整，每一个调整图层对应着单独的蒙版，可以随时撤销和还原，方便查看每一次调整对最终结果的影响。调整图层是不影响原图像的调整方式，也是比较常见的调整方式。

打开需要调整的图像，单击图层面板底部的 按钮，根据实际情况，从弹出的列表中选择要加载的调整对象，如图5-45所示。

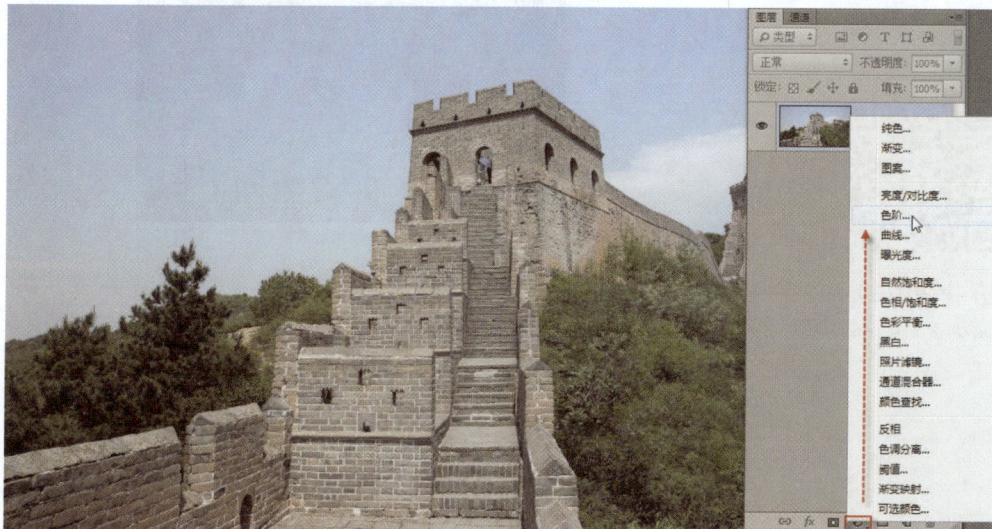

图5-45 调整图层

技巧分享

在使用图层蒙版进行操作时，白蒙版、黑蒙版和灰蒙版只是名称不同，在平时操作时，通常在蒙版中，通过画笔结合黑色和白色的涂抹来实现图像与图像之间的融合操作。

实战案例

对多个图层进行调整

素材所在位置：
第5章 / 调整图层.jpg

54.对多个图层进行调整

添加调整图层后，默认就已经带有"蒙版"，可以根据实际情况，对不需要进行当前操作的进行涂抹，对于当前调整图层的影响，还可以更改不透明度，如图5-46所示。

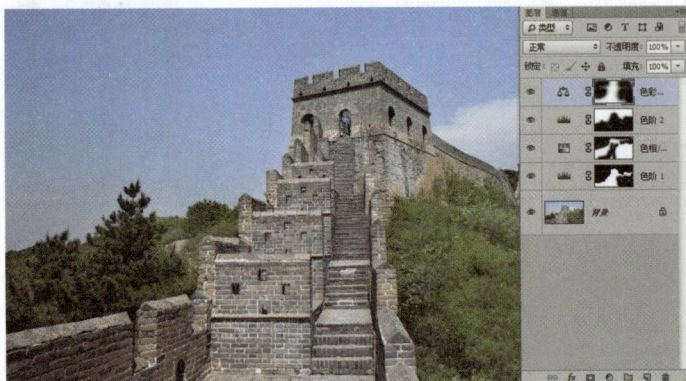

图5-46 多个调整图层

✎ **技巧分享**

在使用调整图层时，基本的操作与前面介绍的图像调整类似，只是在调整的基础上可以与蒙版进行结合，方便进行局部修改、撤销和还原等操作。

5.4 实战演练

1. 使用调整图层进行图像色彩调整

原图和最终效果如图5-47所示。

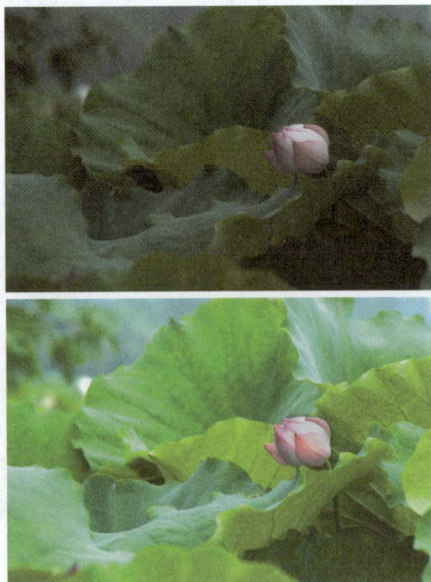

图5-47 色彩调整

📝 **实战案例**

使用调整图层进行图像色彩调整

素材所在位置：
第5章 / 练习1.jpg

55.使用调整图层进行图像色彩调整

114

2. 调整图层进行逆光修复

原图和最终效果如图5-48所示。

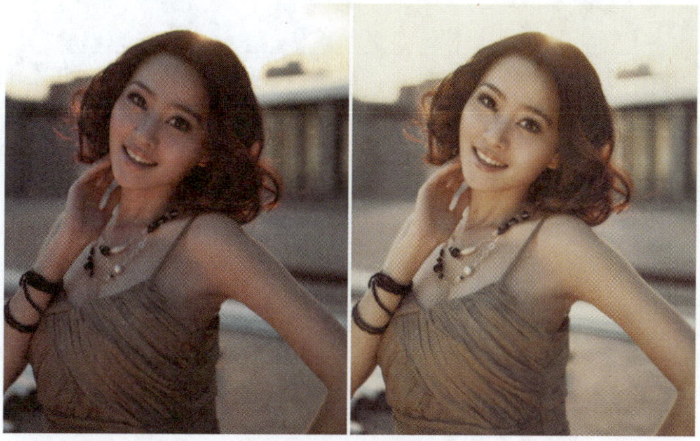

图5-48 逆光修复

3. 多层次图像调整，增加色彩

原图和最终效果如图5-49所示。

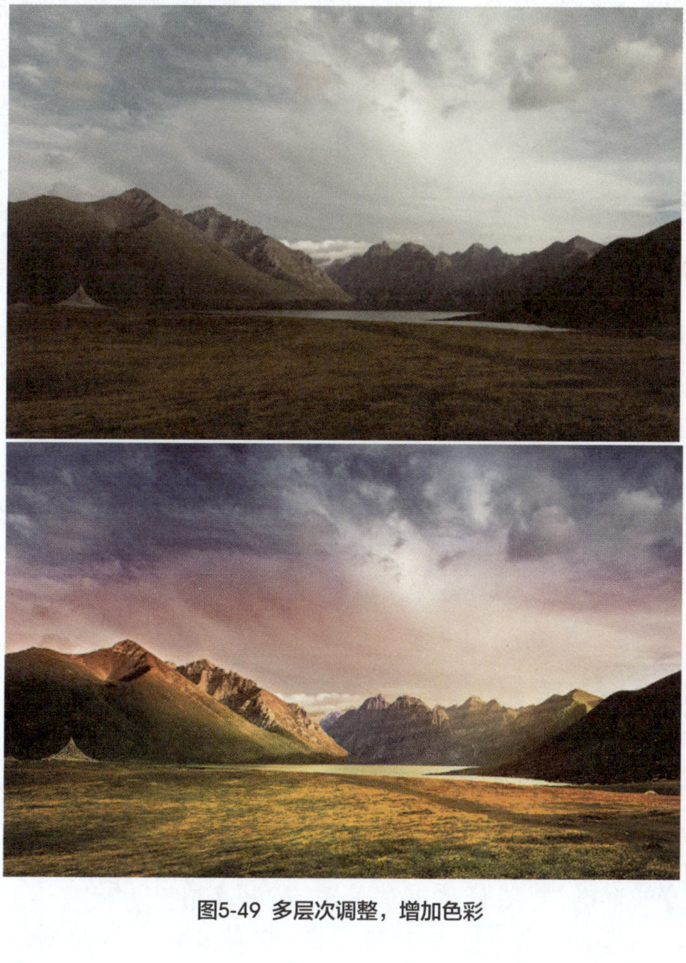

图5-49 多层次调整，增加色彩

CHAPTER 6

通道

"通道是核心，蒙版是灵魂"，通过这句话，足以说明通道在 Photoshop 中的重要地位。只有弄明白通道，才能离开初学者的行列，向高手的境界前进。那究竟什么是通道呢？有多少类通道呢？它们又可以做什么？请大家带着这些问题跟随作者一起来慢慢地认识，更深入了解 Photoshop 通道的应用，揭开通道的神秘面纱，希望大家都能成为 Photoshop 高手！

本 | 章 | 要 | 点

- 通道认识与分类
- 通道应用

6.1 通道认识与分类

通道是从Photoshop 3.0开始增加的功能，发展到现在的Photoshop CC版本，其神秘的面纱一直让很多初学者望尘莫及，很多初学者感到通道是难以理解的概念。通道对应的英语单词是Channel，有渠道、信息载体的意思，因此，通道用于存储某种信息，起到载体的作用。通道主要分为颜色通道、专色通道和Alpha通道。

6.1.1 颜色通道

颜色通道，即根据图像的色彩模式、图像中的颜色通过分色存储的方式，自动分配到不同的单色通道中，方便进行颜色调整和通道色彩的计算。

1. 颜色通道

打开图像文件，通过【窗口】菜单/【通道】命令，可以查看当前图像对应的颜色通道个数，如图6-1所示。

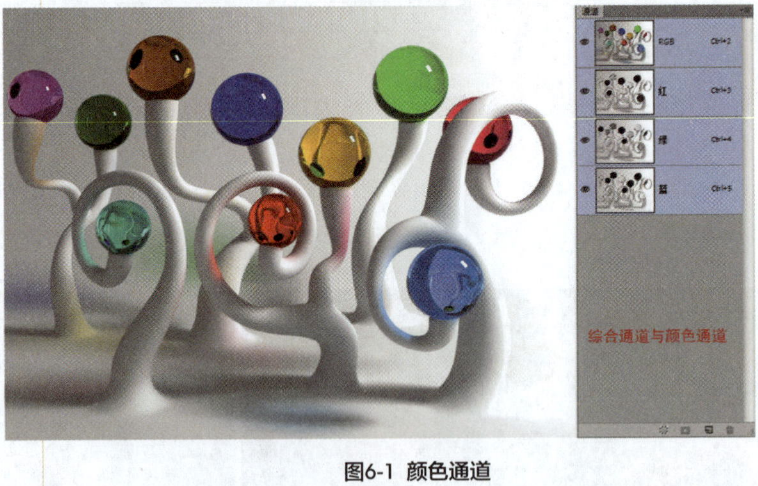

图6-1 颜色通道

根据RGB模式颜色的原理来看，一个图像中的所有颜色均分别保存到R、G和B通道，在单一的颜色通道中，白色表示该通道的纯色或本身为白色，黑色表示该通道的对比色或本身为黑色。

2. 颜色原理

通过对图像的颜色进行分开与合成的方式，查看通道的颜色原理。

打开图像文件，切换到通道面板中，单击红通道，按住【Ctrl】键的同时单击红通道，载入当前通道的选区，单击通道上方的"RGB"，返回到图层面板，新建图层，填充纯红色，如图6-2所示。

图6-2 红色通道填充

按【Ctrl】+【D】组合键取消选区，将图层1隐藏，返回通道面板，单击绿通道，按住【Ctrl】键的同时，单击绿通道，载入绿通道选区，单击顶部的RGB通道，返回图层面板，新建图层，再次填充纯绿色，如图6-3所示。

图6-3 绿通道

按同样的操作方式，将蓝色通道载入选区，并新建图层填充纯蓝色，得到除背景之外的三个图层，如图6-4所示。

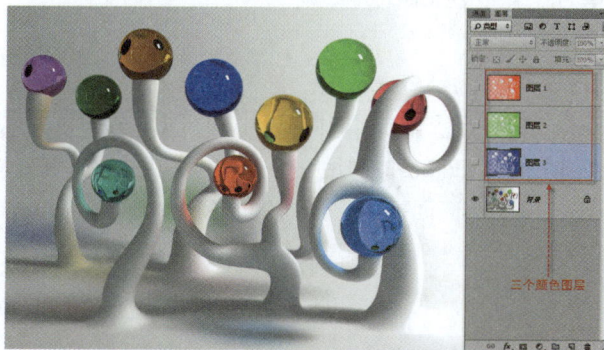

图6-4 三个新颜色图层

选择背景层为当前操作图层，新建图层4，填充纯黑色，将图层1、图层2和图层3的混合模式改为"滤色"模式，此时可以观察图层与背景的对比，发现当前图层的组成是根据通道的分色存储原理，重新还原的图像，其结果与背景层一致，如图6-5所示。

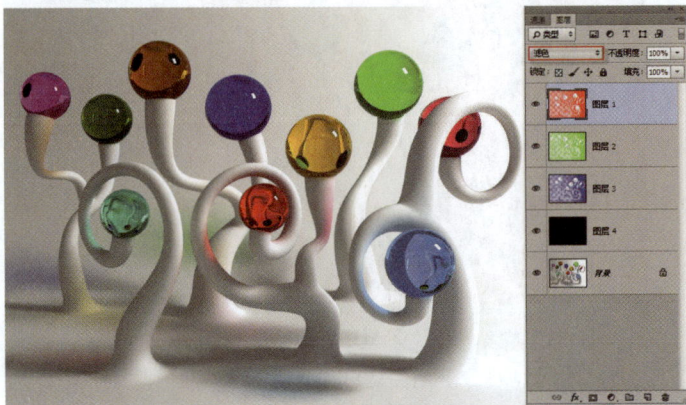

图6-5 图层排列顺序

选择图层1为当前操作层，按【Ctrl】+【E】组合键，将图层1、2、3、4合并，生成最后的图层4，通过图层前的"眼睛"，对图层进行"显示"与"隐藏"操作，查看与背景层的对比，发现当前图层与背景层是完全一致的，当前图层是通过提取通道颜色选区并重新填充实现的，因此，图像中的颜色是通过通道进行分色存储的。

6.1.2　Alpha通道

Alpha通道是一个8位的灰度通道，用于存储选区，方便进行选区的载入、计算等操作。该通道用256级灰阶记录图像中的透明度信息，定义透明、不透明和半透明区域，在Alpha通道中，白色表示选区，黑色表示非选区，灰色表示半透明选区。

在Photoshop软件中，可以通过选区存储、颜色通道存储和计算等方式来生成Alpha通道。

1. 选区存储

在当前文件已经有选区的情况下，执行【选择】菜单/【存储选区】命令，在弹出的对话框中，保持默认参数，单击"确定"按钮，在通道面板中，自动生成Alpha通道，如图6-6所示。

📋 总结

图像根据色彩模式，将图像中的色彩信息分别存储到相应的颜色通道中，单色通道中的灰阶变化体现颜色的过渡是否自然，曝光不足或曝光过度都影响图像的颜色信息。

59.Alpha通道

图6-6 Alpha通道

　　对于选区或是通道操作熟悉的，也可以在有选区的前提下，直接单击通道面板下方的 ⬤ 按钮，将选区存储为Alpha通道。

2. 复制颜色通道

　　打开彩色图像文件，切换到通道面板，单击其中一个颜色通道并拖动到面板底部"创建新通道"按钮，完成颜色通道的复制操作，如图6-7所示。

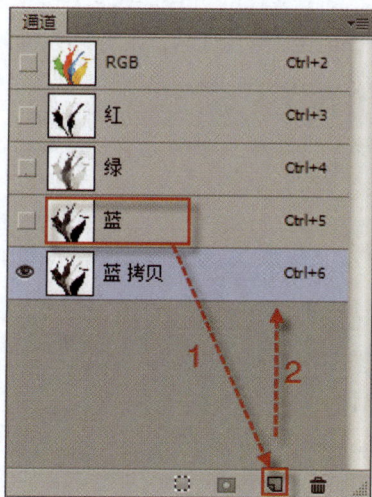

图6-7 复制颜色通道

3. 计算生成Alpha通道

　　在对图像进行细致调节时，往往需要计算更加精确的选区，可以通过计算的方式生成所需要的选区。

　　打开图像文件，执行【图像】菜单/【计算】命令，在弹出的对话框中，选择需要计算的通道和结果的处理方式，单击"确定"按钮，在通道面板中，自动存储为Alpha通道，如图6-8所示。

技巧分享

颜色通道的个数是固定的，与当前图像的色彩模式有关。在通道中，对当前颜色通道进行复制，此时生成的通道拷贝，其性质是Alpha通道，根据图像的灰阶对比，方便生成选区。

无论通过上述的哪种方式生成Alpha通道，其最终的结果都是生成编辑所需要的选区，方便进行下一步具体的操作。

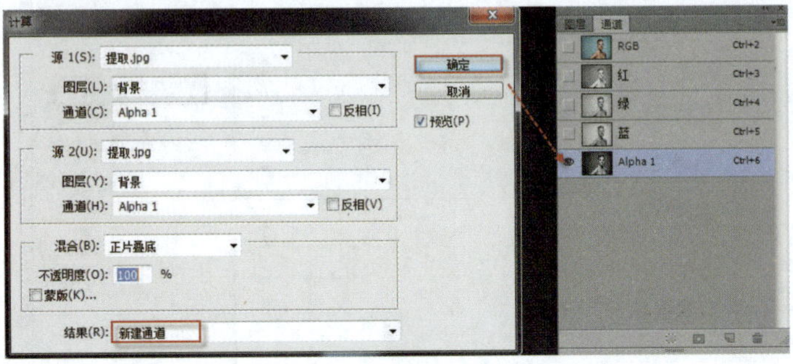

图6-8 计算

6.1.3 专色通道

　　专色通道是与印刷时的专版保持匹配的一种颜色通道，专色通道（专色油墨）是指一种预先混合好的特定彩色油墨，补充印刷色（CMYK）油墨，如：明亮的橙色、绿色、荧光色、金属银色、烫金版、凹凸版、局部光油版等。

1. 新建专色通道

　　在通道面板中，单击右上角扩展按钮，从弹出的列表中选择"新建专色通道"，在弹出的对话框中输入名称，单击"确定"按钮，在通道列表中生成专色通道，如图6-9所示。

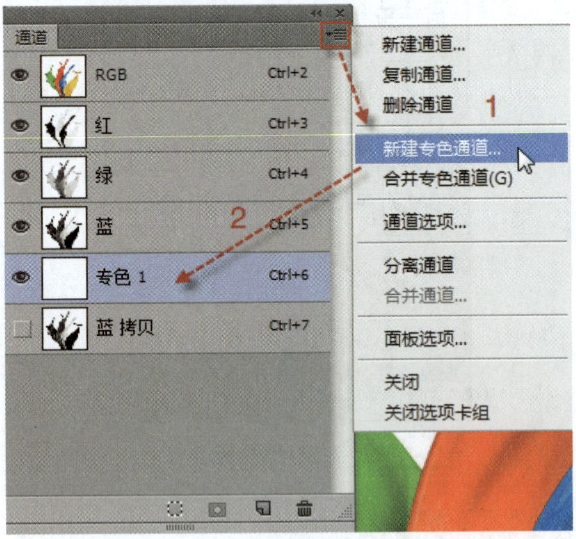

图6-9 专色通道

专色通道的创建也支持选区创建或是Alpha通道转换为专色通道，在日常工作中，根据实际需要来选择专色通道的创建方法。

2. 专色通道保存

　　对于包含专色通道的文件，在保存时，需要存储为可以支持专色通道的文件格式，如DCS 2.0或EPS，另外，保存专色信息的色彩模式只有灰度、CMYK和多通道等三种。

6.2 通道应用

通过前面的讲解和介绍，大家应该对通道有了一个正确的认识，通道的作用不能一概而论，需要确定是哪种类型的通道，才能确定其具体的作用和使用场景。本章在前面认识的基础上，介绍一下具体的实际应用，对于Alpha通道的提取图像的应用，在后面的章节中有详细的介绍，在此不再赘述。

6.2.1 通道计算

Alpha选区存储或生成后，更多的情况是进行选区的基本计算，通过现有的选区与存储过的选区进行并集、差集和交集运算，得到最终需要的选区。

通过选区的存储与计算，制作奥运五环造型，如图6-10所示。

图6-10 奥运五环

新建文件，新建图层，选择工具箱中的椭圆选框，按住【Shift】+【Alt】组合键的同时，单击并拖动，创建以单击点为中心的圆形选区，执行【选择】菜单/【存储选区】命令，自动生成Alpha通道，如图6-11所示。

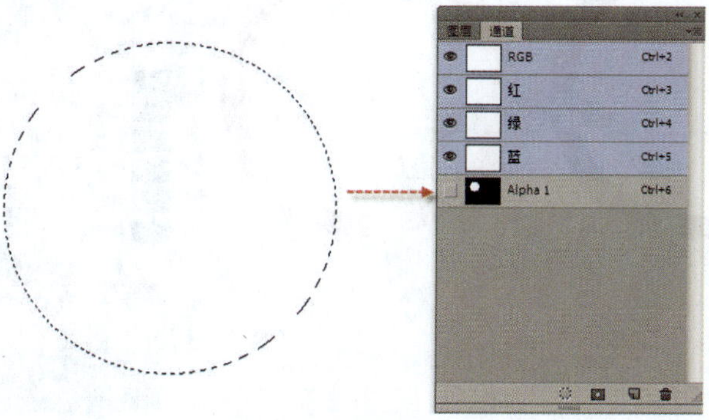

图6-11 存储选区

实战案例

运用通道计算制作奥运五环

素材所在位置：
第6章/五环.jpg

60.运用通道计算制作奥运五环

执行【选择】菜单/【变换选区】命令，按住【Shift】+【Alt】组合键，以中心点为缩放控制中心，适当向外缩放一下，单击属性栏中的 ✔ 按钮，执行【选择】菜单/【载入选区】命令，在弹出的对话框中，通道选择"Alpha 1"，操作方式选择"从选区中减去"，如图6-12所示。

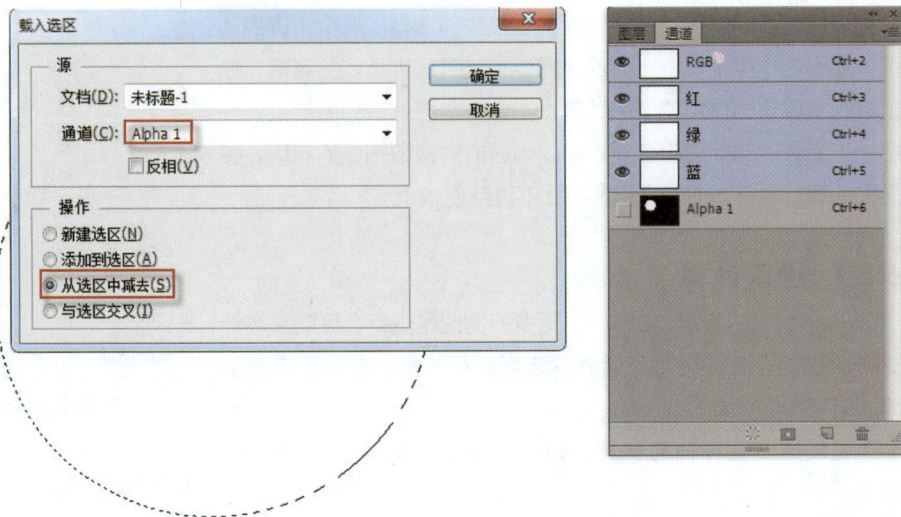

图6-12 从选区中减去

单击"确定"按钮后，生成圆环选区，设置前景色为蓝色，按【Alt】+【Delete】组合键，对当前图层中的圆环选区进行填充，执行【选择】菜单/【存储选区】命令，对当前的圆环选区进行存储，光标置于选区内，单击并拖动鼠标左键，进行水平移动操作，新建图层并对当前选区填充黑色，再次执行【选择】菜单/【存储选区】命令，分别水平、斜向移动选区，存储选区后，新建图层并填充不同的颜色，为方便对选区进行识别，可以分别取名，如图6-13所示。

图6-13 选区存储

当前选区在绿色圆环的前提下，在通道选区中，按住【Ctrl】+【Shift】+【Alt】组合键的同时，单击"红色"Alpha通道，进行选区的交集运算，按住【Alt】键的同时，单击并拖动鼠标，减去与红色圆环运算后的其中一个选区，对其填充红色，如图6-14所示。

图6-14 填充红色

按【Ctrl】+【D】组合键，取消当前选区，按住【Ctrl】键的同时，单击"黄色"Alpha通道，采取同样的方法，对蓝色和黑色进行选区加减操作，如图6-15所示。

图6-15 其他圆环运算

最后，可以将图像进行放大显示，对两个圆环选区运算结果中的1个像素的误差区域进行适当修复，完成奥运五环的制作。

6.2.2 图像计算

在Photoshop软件操作中，选区的创建一直以来都是进行操作的前提，快速方便地创建需要进行操作的选区，是对我们进行软件操作的基本要求。在进行人物图像处理时，往往需要先提取图像中的"灰阶"区域的选区，再进行图像的调节，使用其他方式很难得到满意的选区。

1. 计算

打开需要创建选区的图像，在通道面板中，查看颜色通道中灰阶变化处于中间层次的通道，执行【图像】菜单/【计算】命令，源1和源2选项中的通道均选择"绿"，其他参数保持默认，如图6-16所示。

🖋 技巧分享

在Alpha通道中，按住【Ctrl】键的同时，单击Alpha通道，可以载入当前通道中的选区。按住【Ctrl】+【Shift】键的同时，单击Alpha通道，可以实现当前选区与Alpha通道选区的并集运算。按住【Ctrl】+【Shift】+【Alt】键的同时，单击Alpha通道，可以实现当前选区与Alpha通道选区的交集运算。

📄 实战案例

使用图像计算进行灰阶调整
素材所在位置：
第6章/计算.jpg

61.使用图像计算进行灰阶调整

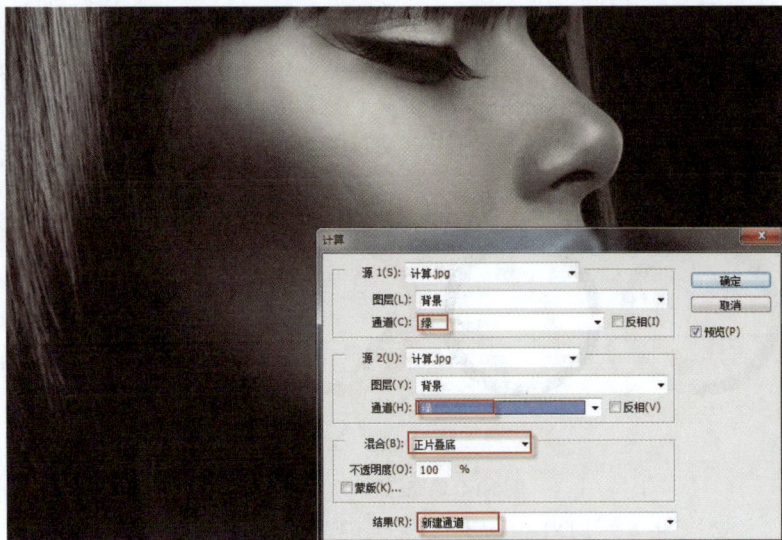

图6-16 计算

单击"确定"按钮后，在通道面板中，生成当前图像中亮调的选区，再次执行【图像】菜单/【计算】命令，在对话框中，选中源2中的"反相"复选框，生成当前图像中暗调的选区并自动存储到Alpha通道中，如图6-17所示。

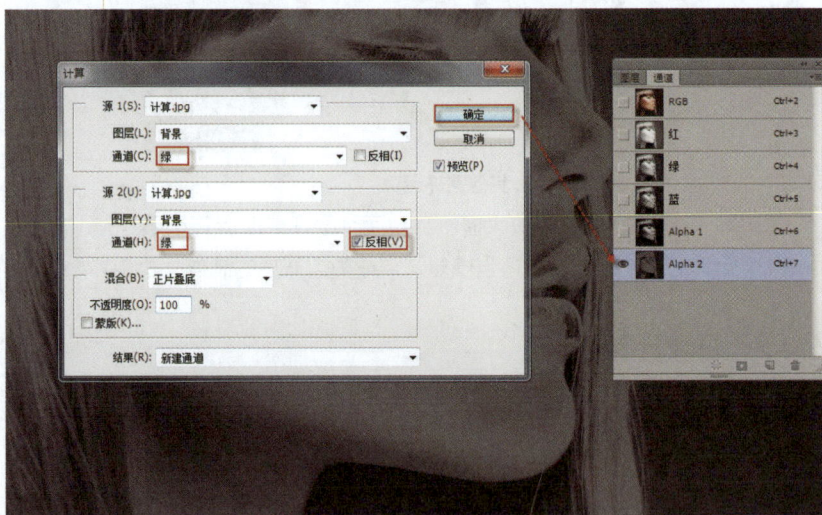

图6-17 暗调选区

✏️ **技巧分享**

在建立中性灰选区时，有时出现"任何像素都不大于50%的选择。选区边界将不可见"的警告，出现这个提示时，其实没有关系，表示选区已经创建完成，只是选区的"蚂蚁线"不可见，不影响选区的进一步操作。

2. 提取中性灰选区

在通道面板中，单击上方的RGB综合通道，按【Ctrl】+【A】组合键，执行全选操作，按住【Ctrl】+【Alt】组合键的同时，依次单击Alpha 1和Alpha 2通道，从全部的选区中减去最亮部分和最暗部分，得到中性灰选区，提取完中性灰选区后，可以执行进一步的基本操作，如图6-18所示。

图6-18 中性灰选区

6.2.3 修复偏色图像

图像中的颜色信息通过色彩模式，分别存储到相应的颜色通道中，图像的偏色势必会影响到通道中的颜色信息。因此，在某种程度上来讲，通过颜色通道可以非常方便地调整图像的偏色。

1. 图像检查

打开需要修复的图像，可以先通过视觉直观地查看图像的偏色情况，再执行【窗口】菜单/【直方图】命令，显示全部通道信息，如图6-19所示。

图6-19 全部通道信息显示

通过视觉和直方图信息，可以看出当前图像中的问题，即RGB和单个R、G、B通道中的像素分布有明显的区别，因此，可以判断当前图像有偏色问题，再将通道面板打开，查看单个的R、G、B通道，发现蓝通道有明显错误，如图6-20所示。

实战案例

使用通道修复偏色图像

素材所在位置：
第6章 / 偏色.jpg

62.使用通道修复偏色图像

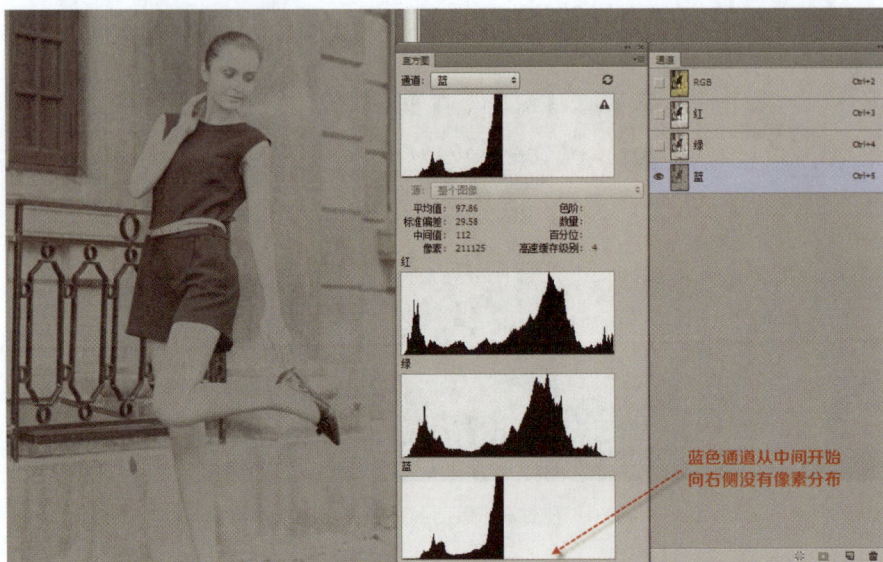

图6-20 通道查看

2. 修复操作

在图层面板中，单击底部的 按钮，从中选择"通道混合器"，输出通道选择"蓝"通道，设置参数，如图6-21所示。

图6-21 通道混合器

再次单击图层面板底部的 按钮，从中选择"色阶"，单击色阶调整图层中的灰色"吸管"，单击图像中本身为灰色的部分，完成图像修复，如图6-22所示。

图6-22 拾取参考点

6.3 实战演练

1. 使用通道进行精细化调整

原图和最终效果如图6-23所示。

图6-23 精细化调整

2. 色彩还原调整

原图和最终效果如图6-24所示。

图6-24 色彩还原调整

🖊 **技巧总结**

在进行灰色吸管拾取颜色操作
时，可以多次单击拾取，每一次
拾取满意后，在历史记录中创建
"快照"，对比多次调节的快
照，最后选择一个相对较好的效
果，完成图像修复。

📋 **实战案例**

使用通道进行精细化调整

素材所在位置：
第6章 / 练习1.jpg

63.使用通道进行细
化调整

📋 **实战案例**

色彩还原调整

素材所在位置：
第6章 / 练习2.jpg

64.色彩还原调整

应用篇

CHAPTER 7

图像处理

提取图像

Photoshop 软件就是为了解决图像的后期处理而产生的，虽然最初的功能只有简单的明暗调节。随着版本的更新变化和软件的功能增强，图像处理也一直是 Photoshop 软件的重要功能之一。色彩调节的功能我们已经在技能篇进行过讲解，本章节通过图像提取、美化、合成等操作，详细介绍 Photoshop 在图像处理方面的实用技能。

在进行图像合成操作前，需要对所使用的图像素材进行简单处理，如图像提取。图像提取也称之为抠图，在进行抠图之前，需要根据图像特征和背景特点进行分类提取，通常分为毛发类背景和透明类背景等两种情况，虽然具体的操作方法不同，但最终都是为了更换合适的图像背景。

图像美化是图像后期处理的重要组成部分，图像前期容易解决的由前期处理来完成，对于前期不容易或是不能解决的，由图像后期处理来完成。图像的后期处理，通常包括修除瑕疵、降噪、艺术风格处理等操作。将成像后的图像进行全面的后期处理，既弥补了前期处理的不足，也扩展了图像后期艺术处理的空间。

图像合成也是图像处理的重要组成部分，既可以将单一的图像素材按某个风格的海报进行合成，也可以通过另外的素材对原有的图像进行创意的提升，是图像处理的终极目标和方向。

本 | 章 | 要 | 点

• 图像模式
• 图像美容
• 图像合成
• 效果图后期

合并场景
调整加工

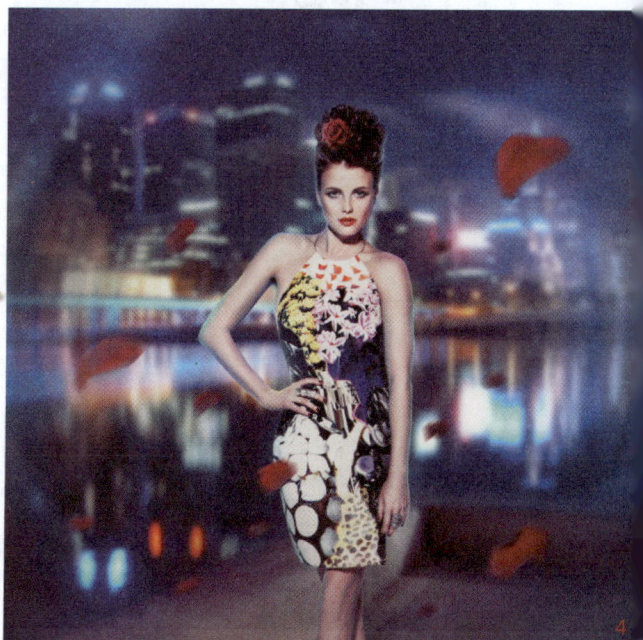

7.1 提取图像

在进行图像合成操作前，需要对选用的素材进行内容提取，即图像的抠图。简单内容的抠图，通过Photoshop软件中的工具箱就可以实现，对于相对复杂的图像，如毛发边缘或透明背景图像，需要运用多个工具组合起来进行抠图，才可以将图像进行最大程度的提取，而减少因为抠图浪费的图像品质。

7.1.1 抠取毛发类图像

在日常进行提取操作时，对于边缘清晰的图像，可以通过工具箱中的磁性套索、魔棒和钢笔等工具直接建立选区并完成图像的提取，对于毛发类或边缘对比不明显的图像，在提取时需要结合前面的知识进行综合操作。

Step *1*

素材分析。打开素材文件，如图7-1所示。

图7-1 打开图像

毛发类图像在进行提取时，根据图像背景的特点，分为单色背景和杂色背景两种情况，当前打开的毛发类图像，背景为单色，相对容易提取一些。

Step 2

启动Photoshop软件，在中间灰色区域中，双击鼠标左键，将文件打开，按【F7】键，显示图层和通道浮动面板，按【Ctrl】+【J】组合键，将背景层复制生成图层1，如图7-2所示。

图7-2 复制生成新图层

Step 3

利用磁性套索或是钢笔等工具，将边缘清晰明显的区域建立为选区，执行【选择】菜单/【存储选区】命令，名称文本框中保持空白，单击"确定"按钮，在"通道"面板中，自动生成Alpha 1通道，如图7-3所示。

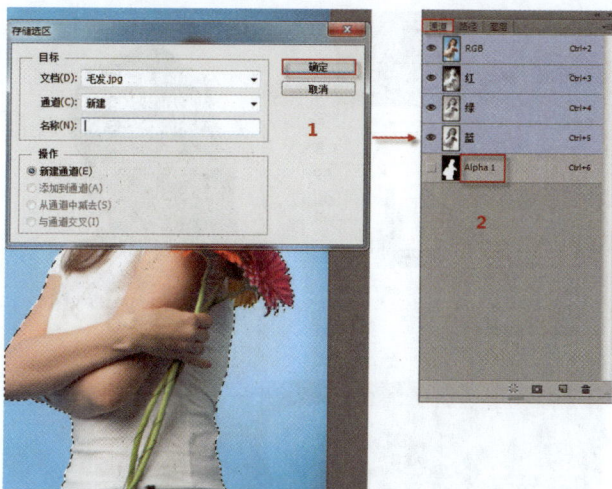

图7-3 边缘清晰部分建立选区

Step *4*

在通道面板中，查看毛发边缘与背景对比明显的通道，单击通道并拖动到面板下方的"创建新通道"按钮上，生成通道副本，执行【Alt】＋【Delete】组合键，在当前通道副本中填充黑色，如图7-4所示。

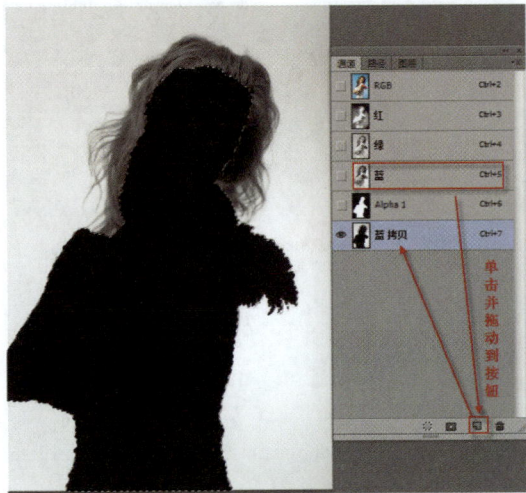

图7-4 复制通道并填充颜色

Step *5*

按【Ctrl】＋【D】组合键，取消当前选区，按【Ctrl】＋【L】组合键，弹出"色阶"对话框，分别使用白色或黑色"吸管"，在图像中单击选择需要将其转换为白色或黑色的部分，如图7-5所示。

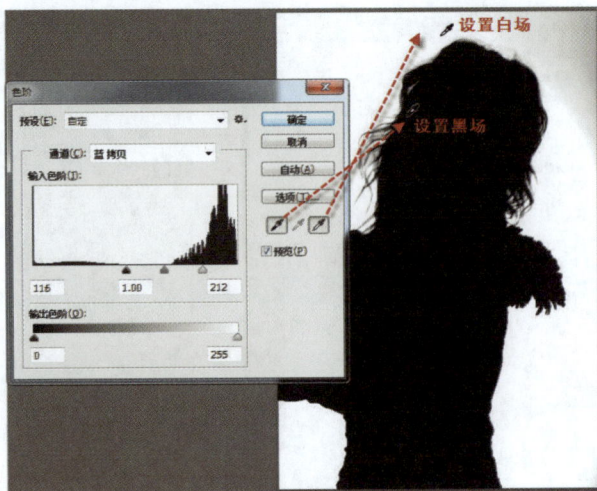

图7-5 色阶调整图像黑白对比

Step *6*

在进行黑白对比调节时，需要注意毛发边缘的细节，设置完白场后，依然没有生成纯白色时，需要借助画笔结合白色进行涂抹，按【Ctrl】+【I】组合键，执行"反相"操作，按住【Ctrl】键的同时，单击"蓝拷贝"图层，载入当前Alpha通道中的选区，如图7-6所示。

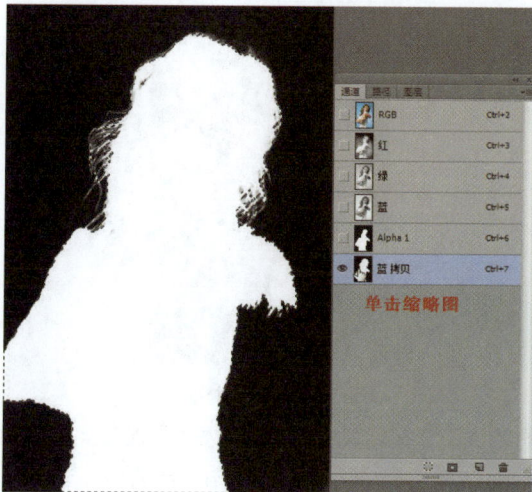

图7-6 载入选区

Step *7*

单击通道面板顶部的"RGB"通道，返回图层面板，按【Ctrl】+【J】组合键，生成新的图层，将需要更换的背景置于图层2下方即可，如图7-7所示。

图7-7 更换背景

🖋 **技巧分享**

在进行毛发类图像提取时，特别是在通道中调整图像黑白时，毛发的损失是正常的，因此，对于要求较高的抠图，可以尝试不同的黑白对比，观察毛发损失的程度，最终确定要保留的图像提取效果。

7.1.2　抠取透明类图像

　　在日常进行图像提取时，对于图像中有半透明或透明的区域时，也是需要通过综合的技能运用，才可以完成图像的提取。

Step *1*

　　素材分析。打开需要进行提取的素材，如图7-8所示。

图7-8　打开素材文件

　　半透明类图像在提取时，与"毛发类"图像类似，根据图像背景的复杂程度，也分为单色背景和杂色背景，当前为单色背景。在进行透明类图像提取时，需要按部分来提取，先将容易提取的部分生成图层，再针对难抠的区域进行精确的计算，得到难抠的图像区域。

Step *2*

　　启动Photoshop软件，在页面中间灰色区域双击鼠标左键，打开素材文件，按【F7】键，显示图层浮动面板，按【Ctrl】+【J】组合键，新建图层1，利用磁性套索建立清晰和半透明边缘选区，如图7-9所示。

图7-9　建立选区

Step 3

在保留当前选区的前提下，再次按【Ctrl】+【J】组合键，将当前选区中的内容生成图层2，再利用选区工具，将需要通道来计算的半透明区域单独建立选区，再次按【Ctrl】+【J】组合键，如图7-10所示。

图7-10 分别建立不同的图层

Step 4

按住【Ctrl】键的同时，单击图层3缩略图，载入选区，单击图层2，将其切换为当前操作层，按【Delete】键，将其删除，此时图层2为清晰边缘内容所在的图层，图层3为难抠需要通道计算的图层，如图7-11所示。

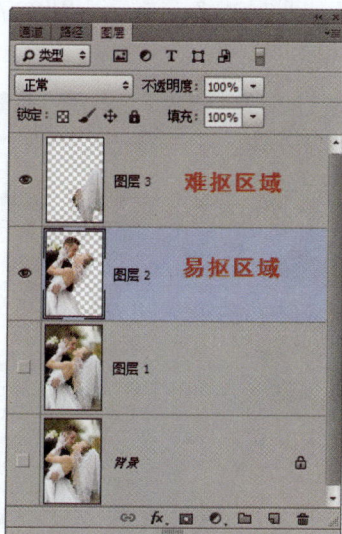

图7-11 图层顺序

Step 5

将图层2隐藏，切换到通道面板中，查看难抠的区域与背景对比明显的通道，单击该通道并拖动到页面下方的新建按钮上，生成通道“蓝 拷贝”即Alpha通道，将不需要提取的区域填充与需要抠取区域相反的颜色，通过“色阶”操作，增强图像的黑白对比，如图7-12所示。

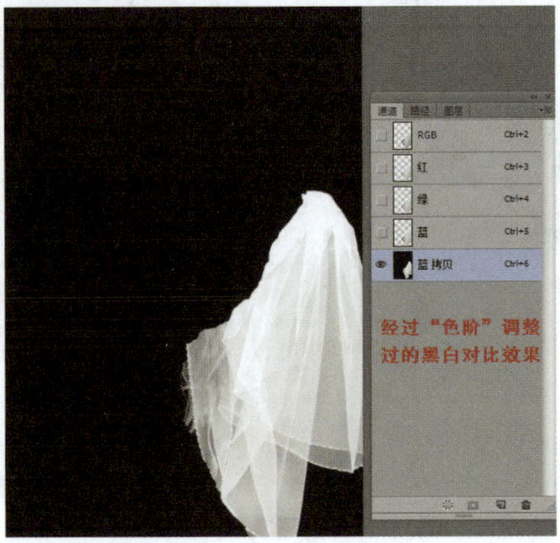

图7-12 调整通道黑白对比

Step 6

按住【Ctrl】键的同时，单击“蓝 拷贝”缩略图，载入当前通道选区，返回RGB通道，返回图层，再次按【Ctrl】+【J】组合键，通过当前选区生成新图层4，对图层3执行隐藏操作，显示图层2，完成半透明图像的提取，将需要更换的背景置入即可，如图7-13所示。

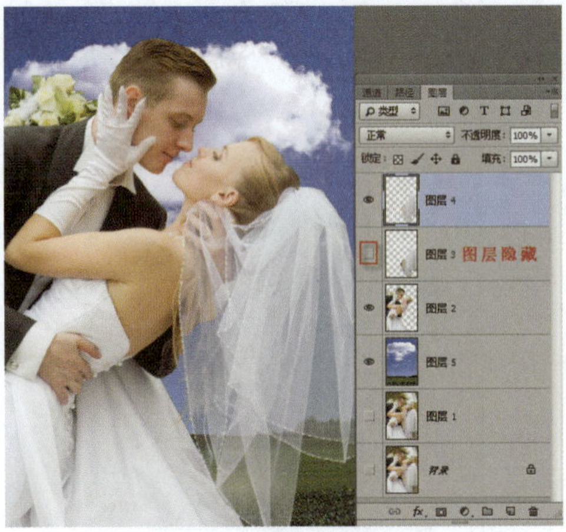

图7-13 更换背景后效果

技巧分享

在进行半透明或透明类图像提取时，通常是分步骤分图层进行的，即先将整个图像包括清晰和难抠的区域，从整个背景中建立选区并生成新图层，再将难抠取的区域建立图层，在通道中，单独对难抠图的区域进行计算操作，完成整个图像的提取。

7.1.3 安装和使用外挂滤镜

在实际工作中，对于毛发、半透明或是难抠的图像，为了工作效率的提升，可以使用外挂滤镜，如Knock Out、Fluid Mask等，其中Knock Out在Photoshop CS5以前的版本中，在图像提取方面比较专业，在CS6以上或是64位版本软件中，Fluid Mask应用比较广泛。

在安装外挂滤镜插件之前，需要了解插件与软件的版本和位宽是否匹配，根据滤镜安装说明文件进行安装。

在外挂滤镜文件中，双击"Setup.exe"文件，选择插件安装目录，如图7-14所示。

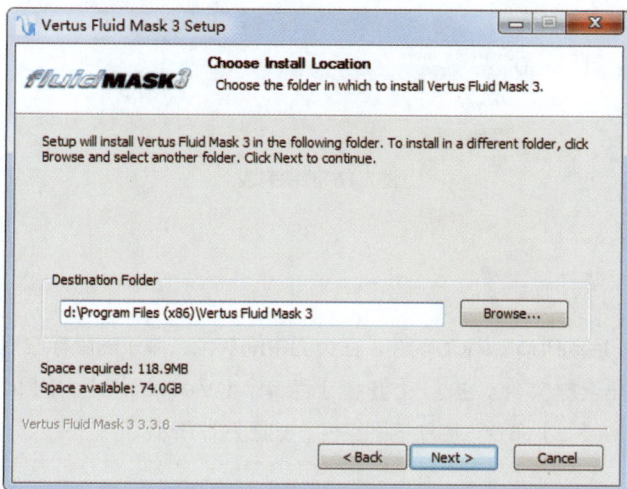

图7-14 安装目录

软件安装完成后，再通过汉化程序来完成汉化，若Photoshop软件为64位，需要将64位插件复制，粘贴到Photoshop的滤镜文件夹中，如图7-15所示。

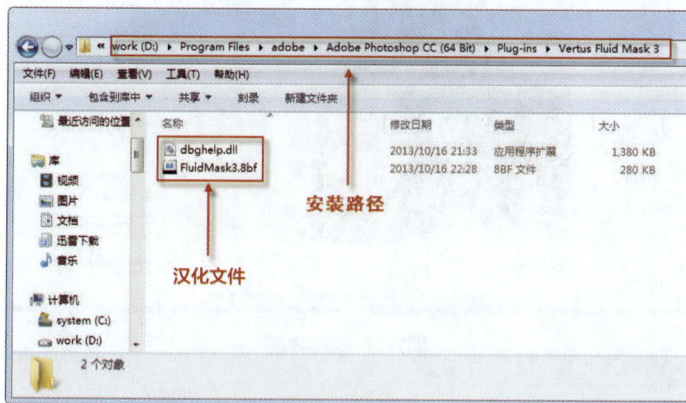

图7-15 汉化文件

插件安装完成后，会在滤镜菜单下显示，如图7-16所示。

图7-16 滤镜列表

使用外挂滤镜提取毛发

素材所在位置：
第7章/外挂毛发.jpg

67.使用外挂滤镜提
取毛发

Step *1*

启动Photoshop软件，在页面中间灰色区域双击鼠标左键，打开素材文件，执行【滤镜】菜单/【Vertus™】/【Fluid Mask 3...】命令，启动抠图插件，如图7-17所示。

图7-17 软件界面

Step *2*

单击工具箱中的"删除局部画笔"工具，绘制抠图后需要删除的部分，呈现"红色"，使用"保留局部画笔"工具，绘制抠图后需要保留的部分，呈现"绿色"，使用"混合局部画笔"工具，绘制需要软件计算的部分，呈现"蓝色"，如图7-18所示。

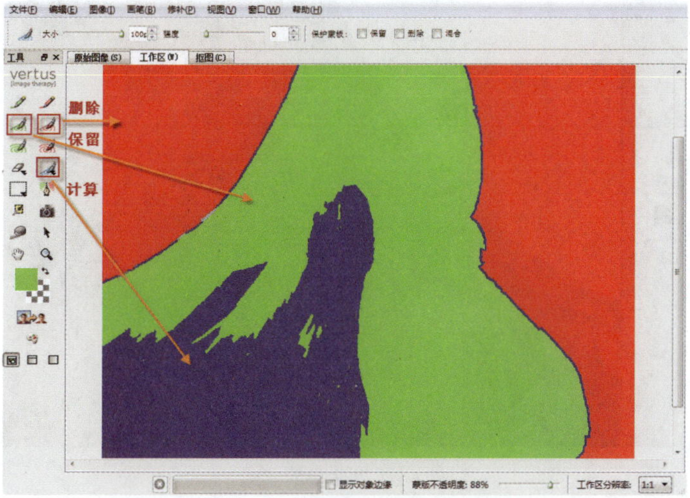

图7-18 绘制提取和保留区域

Step *3*

对于局部的细节，需要进行反算调节和测试，单击工具箱下方"开始抠图"按钮，进行抠图预览，如图7-19所示。

图7-19 进行抠图预览

Step *4*

执行【文件】菜单/【保存并应用（返回PS）】命令，自动返回到Photoshop软件，完成图像抠图，如图7-20所示。

图7-20 图像提取完成

68.使用外挂滤镜提
取透明图像

Step *1*

启动Photoshop软件，在页面中间灰色区域双击鼠标左键，打开素材文件，执行【滤镜】菜单/【Vertus™】/【Fluid Mask 3...】命令，启动抠图插件，需要绘制删除区域、保留区域和计算区域，如图7-21所示。

图7-21 半透明类图像抠图

Step 2

单击“开始抠图”按钮，进行效果预览，根据需要多次进行测试，执行【文件】菜单/【保存并应用（返回PS）】命令，完成图像提取，如图7-22所示。

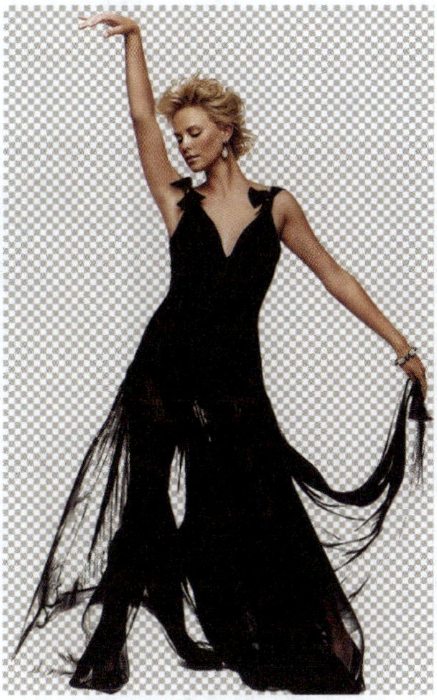

图7-22 完成抠图

技巧分享

在进行图像提取时，首先需要分析要提取图像的特点，根据特点再进行图像的提取，特点不同，提取操作的方法不尽相同，需要各位读者按正确的方法多加练习。

7.2 图像美容

图像处理中美容类的操作，是Photoshop操作的重要应用之一，对于非专业的爱好者来讲，也都希望通过软件的简单处理，达到图像美化的效果，毕竟随着数码相机的普及和应用，全民PS的时代已经来临。

在进行图像美容操作时，需要根据图像现有的特点和不足，进行美容操作，达到图像美化的效果，通常需要对图像进行图像降噪、图像修饰和艺术风格调整等美化操作。

7.2.1 图像降噪

图像降噪是一个相对的概念，通过调整相邻像素间的对比强度，阵低相邻颜色的对比，达到图像降噪的目标。它可以减小人物图像的毛孔大小，使图像更加细腻柔和。

Step *1*

打开需要降噪的图像文件，按【Ctrl】+【J】组合键，生成图层1，执行【滤镜】菜单/【模糊】/【高斯模糊】命令，设置高斯模糊的半径，如图7-23所示。

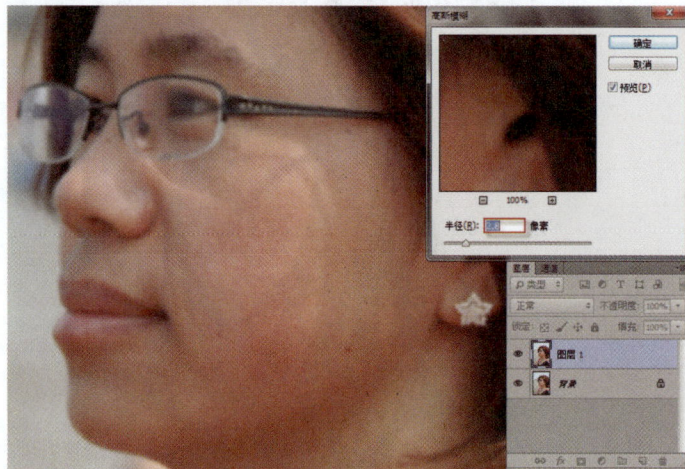

图7-23 高斯模糊

Step *2*

单击图层面板下方的 ▣ 按钮，选择工具箱中的画笔工具，设置前景色为黑色，调整画笔大小与笔尖边缘的柔化程度，对眼睛、头发和面部需要高清显示的轮廓，进行蒙版涂抹，完成图像的降噪操作，如图7-24所示。

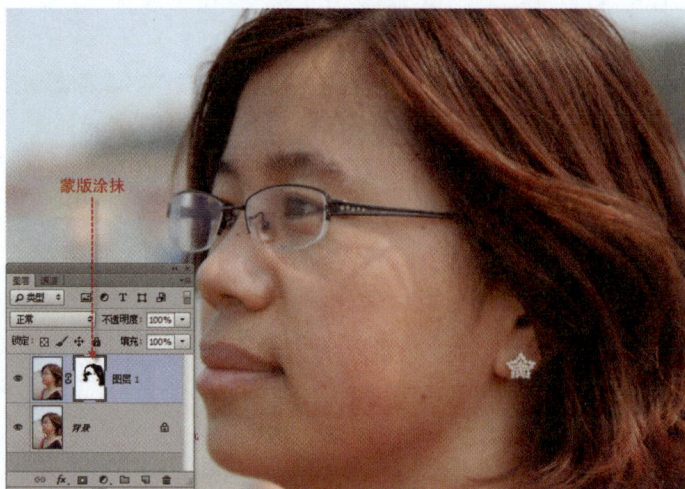

图7-24 蒙版涂抹

Step *1*

根据当前Photoshop软件的版本，安装"Noiseware噪点洁具"滤镜，安装方法在本章前面已经介绍，在此不再赘述。

Step *2*

打开需要降噪的图像，按【Ctrl】+【J】组合键，生成图层1，执行【滤镜】菜单/【Noiseware】/【噪点洁具】命令，弹出噪点洁具对话框，调整左侧滑块参数，如图7-25所示。

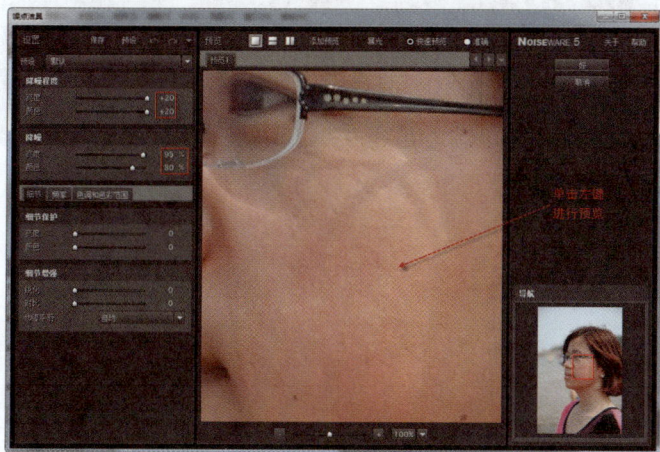

图7-25 噪点洁具

Step *3*

基本参数设置完成后，单击"确定"按钮，单击图层面板底部的 ▣ 按钮，按同样的方法，通过画笔结合黑色，对不需要降噪保持清晰的区域进行涂抹，完成图像降噪的操作。

在进行图像降噪处理操作时，除了上述的操作方法以外，还可以使用第三方的专业处理软件，达到提高效率和品质的效果。

Step *1*

合理正确地安装Face-Bon软件，输入序列号和授权信息。

Step *2*

双击桌面快捷方式，启动Face-Bon软件，单击"打开"按钮，选择需要进行降噪的图像，在软件界面中，更改需要降噪的

📝 **实战案例**

使用Noiseware降噪制作柔肤效果

素材所在位置：
第7章/降噪.jpg

70.使用Noiseware
降噪制作柔肤效果

📝 **实战案例**

使用Face-Bon降噪制作柔肤效果

素材所在位置：
第7章/降噪.jpg

71.使用Face-Bon
降噪制作柔肤效果

图像参数，中间矩形区域为降噪效果的预览区域，如图7-26所示。

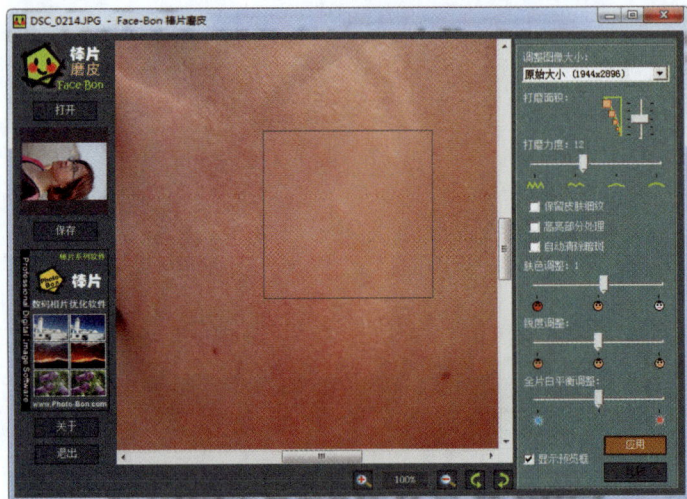

图7-26 Face-Bon

Step 3

单击软件界面右下角中的"应用"按钮，完成图像降噪的操作，可以单击"比较"按钮，查看当前降噪图像前后调整的变化对比。单击左上方的"保存"按钮，对当前降噪后的文件进行保存。

7.2.2 调整图像艺术风格

图像的后期处理是摄影不可分割的一部分，通过Photoshop软件的调整，可以实现很多摄影无法达到的色彩和风格，夸张的色彩、强烈的对比、超出现实中的色彩，往往可以实现更加唯美的各种艺术风格，对于某种艺术的风格，是不能用普通的偏色思维来衡量。

每种艺术风格都有流行的趋势和时间，不同时期往往会产生不同的主流风格，笔者从近几年流行的趋势与广大读者分享常见的艺术风格。

1. LOMO风格

LOMO最初为一种相机的摄影风格，现如今已经发展成为一种图像艺术处理的风格，其明显的特点就是色彩对比强烈、不用闪光灯，在灯光越暗的情况下照出来效果越好。它还有一种特殊的"隧道效果"（即暗角），照片的四周会显得比中间暗很多，以及随性而显得眩晕的效果。

技巧分享

在进行图像降噪操作时，可以根据操作的熟练程度，选择适合自己的操作方式，而不是局限于Photoshop软件的本身操作。提高工作效率和速度永远是设计师们不断追求的目标。

146

Step *1*

打开需要调整的图像文件，单击图层面板底部的 按钮，建立曲线调整图层，创建"S"形曲线，增强图像的明暗对比，如图7-27所示。

图7-27 曲线调整图层

Step *2*

单击图层面板底部的 按钮，创建色彩平衡调整图层，对图像中的阴影和高光区域调节色彩对比，如图7-28所示。

图7-28 色彩平衡调整图层

147

Step 3

再次单击图层面板底部的 ⬤ 按钮，创建"渐变填充"调整图层，设置填充的内容为从黑色到透明的径向型渐变填充，如图 7-29所示。

图7-29 渐变填充调整图层

Step 4

更改渐变填充调整图层的不透明度，实现LOMO的图像效果，如图7-30所示。

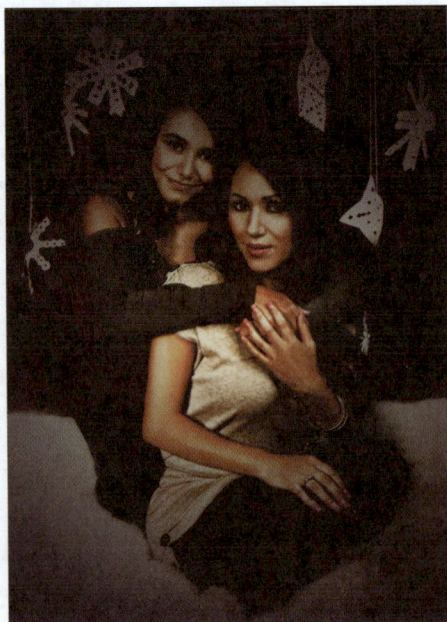

图7-30 LOMO风格

2. 灰调风格

灰调风格是近几年比较流行的一种艺术风格，在去除大部分彩色的基础上，仍保留部分灰色成分，使得照片在保留灰阶的前提下，丰富了艺术效果。

📑 实战案例

制作灰调风格相片

素材所在位置：

第7章 / 灰调.jpg

73.制作灰调风格照片

Step *1*

通过软件打开需要处理的图像文件，按【Ctrl】+【J】组合键，在图层面板中，生成图层1，执行【图像】菜单/【计算】命令，选择"灰色"通道并设置参数，如图7-31所示。

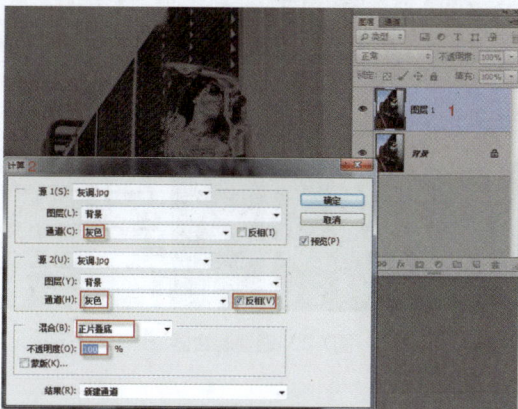

图7-31 图像计算

Step *2*

在通道面板中，按住【Ctrl】键的同时，单击刚刚新生成的Alpha通道，返回RGB通道，返回图层面板，单击底部的 ⬤ 按钮，建立色阶调整图层，增加灰阶对比度，如图7-32所示。

图7-32 调整Alpha 1对比度

Step 3

单击图层面板底部的 ⬤ 按钮，新建"通道混合器"调整图层，对灰色进行调整，如图7-33所示。

图7-33 通道混合器

Step 4

将图层1调整到图层列表最上方，执行【滤镜】菜单/【模糊】/【高斯模糊】命令，设置半径为8像素，将图层1混合模式更改为"柔光"，生成灰调风格，如图7-34所示。

图7-34 灰调结果

7.2.3 动作和批处理

Photoshop是专业的图像处理软件，对于大量需要实现相同效果的图像来讲，软件也提供了方便的动作和批处理操作功能，可以将重复繁杂的工作交给Photoshop软件，实现智能化操作。

动作是记录用户对Photoshop操作的每一个步骤，包括设置的参数都是相同的操作，只有事先录制或载入动作后，才能对当前文件进行操作。

批处理是软件自动对某个指定文件夹中的图像，按设置的动作进行自动批处理操作，系统自动完成，中间不需要用户动手的操作过程。

Step *1*

按【F9】键，弹出动作面板，单击面板底部的 🔲 按钮，在弹出的界面中，输入新建动作的名称，指定当前动作执行的快捷键，如图7-35所示。

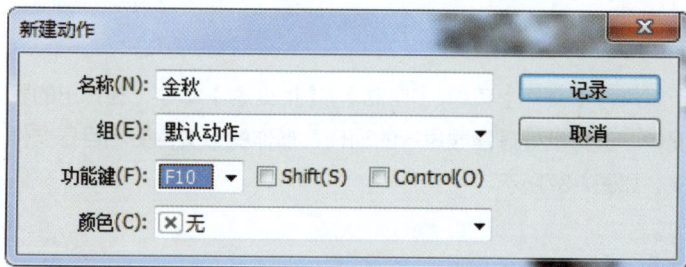

图7-35 新建动作

Step *2*

单击"记录"按钮后，对当前Photoshop软件的操作，均自动保存到当前"金秋"动作中，动作录制完成后，单击动作面板底部的"停止播放/记录"按钮，动作自动保存。

Step *3*

在动作面板中，单击右上角的 ▼≣ 按钮，从弹出的列表中，选择"载入动作"，在弹出的界面中，选择"*.ATN"文件，将动作载入后，即可对当前文件进行动作操作，如图7-36所示。

📋 **实战案例**

录制"金秋"动作
素材所在位置：
第7章/金秋.jpg

74.录制金秋动作

🎬 **注意事项**

在进行动作录制时，对于一些可能引起后续操作问题的动作，可以单击动作面板底部的"停止播放/记录"按钮，操作完成后，再次单击"开始记录"按钮，进行下一步操作即可。常见引起后续操作问题的动作如：文件存储时命名。

图7-36 播放载入动作

Step 4

执行【文件】菜单/【自动】/【批处理】命令，在弹出的界面中，选择批处理需要执行的动作、操作的源文件夹和目标文件夹，如图7-37所示。

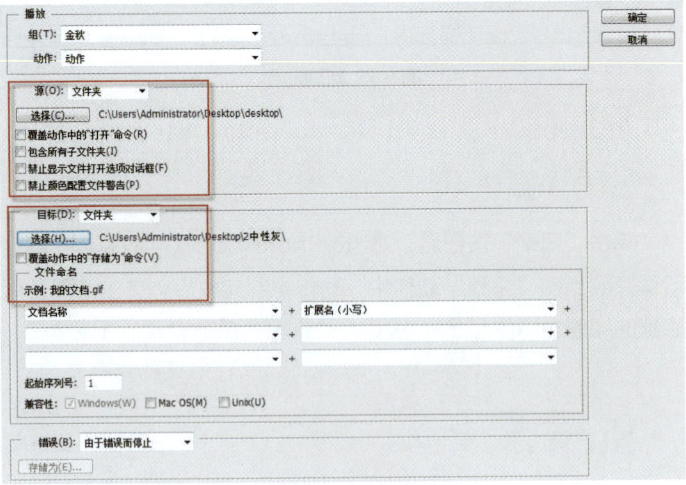

图7-37 批处理

Step 5

单击"确定"按钮后，等待软件自动完成批处理操作即可。

7.3 合成图像

　　图像合成是进行图像后期处理的另外一个非常实用的功能，在进行日常操作和设计时，围绕某一个主题，通过文字传递要表达的主题内容，通过图像造成强有力的视觉冲击，增加阅览者的浏览印象，达到广告的真正目的。

　　日常中的图像合成，从最小的名片到电影海报，应用很广，在此，笔者先介绍一下优惠券，其他内容在后面的章节中进行介绍和分享。

　　优惠券在日常生活中，通常用于商家的某种促销或宣传推广活动，需要将主要的内容或是本次活动的信息准确及时地传递出去，也需要通过精美的外观设计，给人留下深刻的印象。

　　优惠券在进行设计时，通常从页面尺寸、主题色彩风格、文字内容等方面着手。

1. 页面尺寸

　　根据实际印刷输出纸张的要求，可以新建符合方便拼版的页面尺寸。新建文件，页面尺寸设置为15.21厘米×7.21厘米，分辨率为300像素/英寸，在页面的四周创建3 mm的出血辅助线区域，填充设置的背景颜色，如图7-38所示。

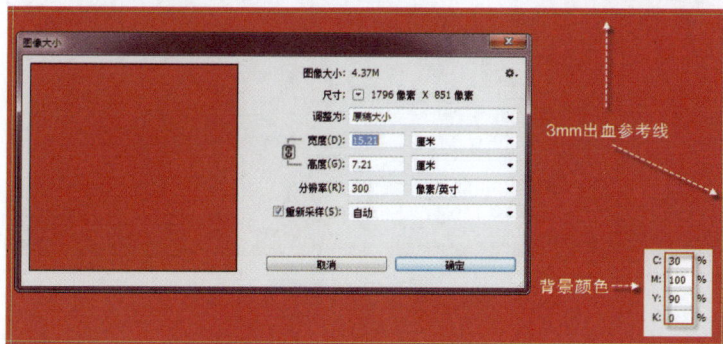

图7-38 文件大小和背景

2. 背景制作

Step *1*

　　选择花纹背景图像文件，粘贴到当前图层中，设置图层混合

📑 综合案例

制作小猪披萨优惠券
素材所在位置：
第7章／优惠券.psd、优惠券背面.psd

75.制作小猪披萨优惠券

模式为"柔光"并更改当前图层的不透明度参数，如图7-39所示。

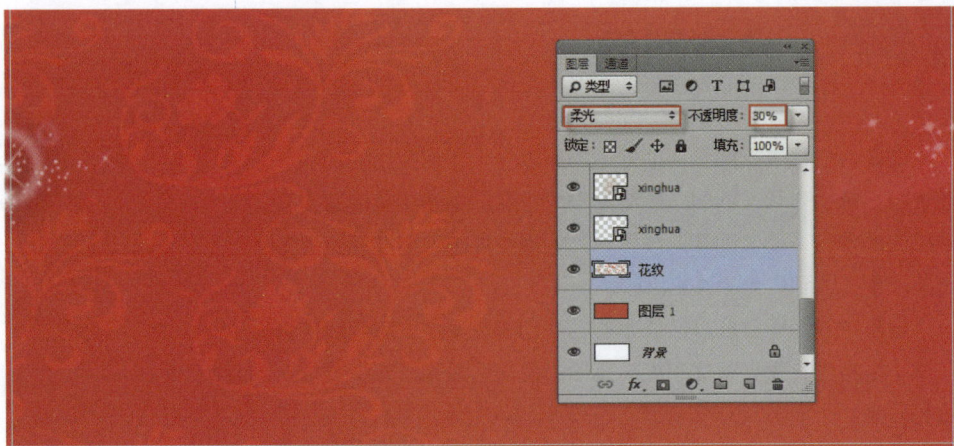

图7-39 花纹背景

Step 2

新建图层组，针对不同类型的背景，通过图层组进行管理，继续对当前文件的背景进行调整和增加，如图7-40所示。

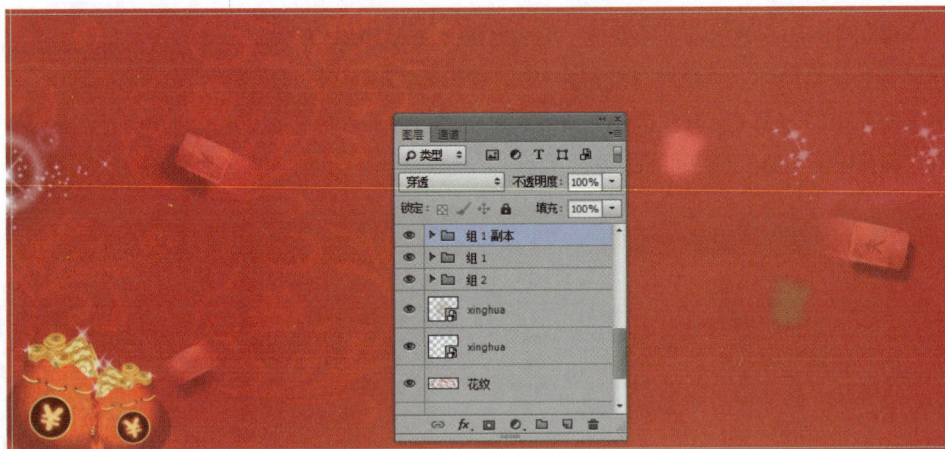

图7-40 背景图案

3. 文字内容和特殊效果

Step 3

导入优惠券商家的LOGO和商标等信息，置于优惠券的左上角位置，输入名称和英文名字，在图层列表中，将其链接在一起，如图7-41所示。

图7-41 店名

Step 4

将"优惠券"三个字从另外的文件中提取，粘贴到当前文件中，调整大小和位置，输入商家进行活动的折扣，对于其中的"折"字，用另外的字体，如迷你简习字体，添加"投影"图层样式，如图7-42所示。

图7-42 折扣内容

Step 5

将折扣内容所在的图层组进行复制，调整位置，增强阴影效果，输入文字广告语，颜色为白色并添加阴影效果，在页面下方输入商家地址和电话等信息，如图7-43所示。

图7-43 阴影和优惠活动

Step *6*

将披萨的图像置于界面的右上角，调整大小和位置，单击图层下方的"添加蒙版"按钮，通过画笔结合黑色进行涂抹，保留披萨图案，完成优惠券正面制作，如图7-44所示。

图7-44 优惠券正面

4. 优惠券背面

Step *7*

将当前文件中除背景和背景纹理以外的图层临时隐藏，保存文件为优惠券背景文件，新建图层组，粘贴披萨图像文件并调整大小，添加蒙版，利用从黑到白的线性渐变进行填充，实现披萨图像与背景的自然过渡，如图7-45所示。

图7-45 背面背景

Step *8*

输入优惠券的使用说明文字，字体与正面的地址、电话字体保持一致，添加阴影样式，再复制说明文字，增强阴影和立体效果，如图7-46所示。

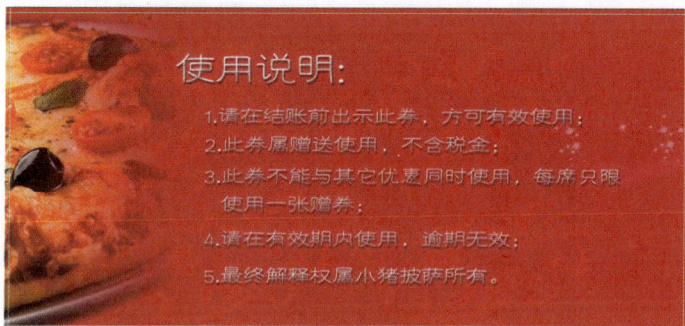

图7-46 使用说明

📌 技巧说明

在制作文字阴影样式时，可以通过直接复制图层的方式，增强现有文字样式的对比效果，操作方便灵活。

7.4 效果图后期处理

在制作效果图渲染输出后，通过Photoshop软件的后期合成与处理，不仅可以弥补效果图输出的不足，还可以对效果图整体色彩提升起到锦上添花的作用。通过结合不同软件的优势，可以迅速完成某项工作，而不是非要把某个软件应用到极致。

Photoshop软件在进行效果图后期处理时，可以根据其调整影响分为绘制修复和调整合成两部分。

7.4.1 绘制修复

在进行效果图后期处理时，根据3ds Max渲染输出的图像，对于图像中部分不明显或是有瑕疵的区域，可以通过Photoshop软件进行绘制修复，达到合理的效果。

绘制修复是效果图后期常用的操作方法，通过笔刷类操作，可以对图像中的瑕疵进行快速修复，节省了出图时间，提高了工作效率。

对于图像中有瑕疵的区域，可以通过仿制修复的方法进行调整。

Step *1*

打开需要进行修复的图像文件，对需要修复的区域进行局部放大，建立相应选区，使用"吸管"工具，拾取图像区域颜色，如图7-47所示。

📝 实战案例

修复效果图中的瑕疵
素材所在位置：
第7章 / 鸟瞰.jpg

76.修复效果图中的
瑕疵

157

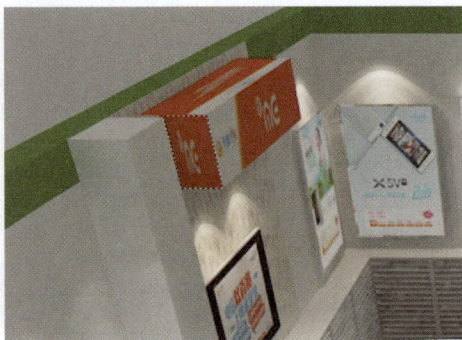

图7-47 建立选区

Step 2

　　按【Alt】+【Delete】组合键进行前景色填充，再次建立与上面相同的选区，选择工具箱中的"仿制图章工具"，按住【Alt】键拾取定义来源，松开【Alt】键后，单击鼠标左键并拖动进行涂抹，完成修复，如图7-48所示。

图7-48 仿制图章

Step 3

　　采取同样的方法，对电视机背景墙与绿色墙部分进行修复，修复前后对比如图7-49所示。

图7-49 修复前后对比

Step *1*

打开需要添加灯带的文件，新建图层，建立需要绘制灯带的选区，执行【选择】菜单/【存储选区】命令，保持默认，存储选区，设置前景色和笔刷边缘羽化程度，借助【Shift】键，绘制水平区域，如图7-50所示。

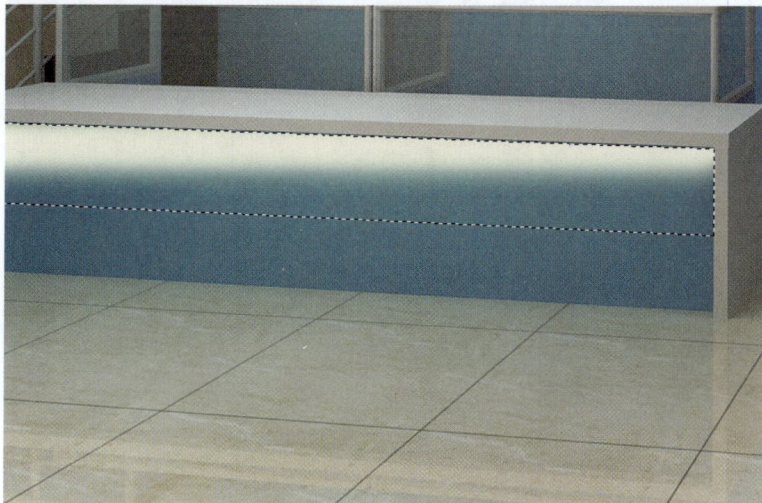

图7-50 绘制灯带区域

Step *2*

按【Ctrl】+【D】组合键，取消当前选区，按【Ctrl】+【T】组合键，对当前绘制区域进行自由变换调整，调整左侧区域与右侧灯带区域基本一致，如图7-51所示。

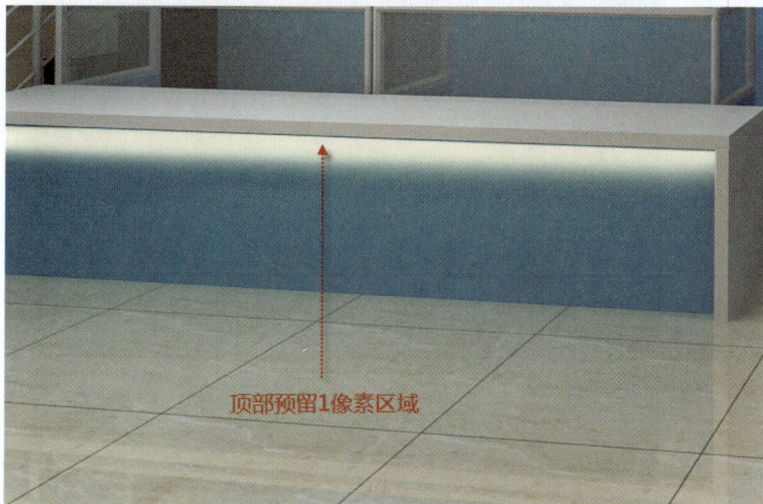

顶部预留1像素区域

图7-51 调整区域

Step 3

更改当前图层混合模式为"叠加"，根据实际需要，更改当前图层的不透明度，最后完成灯带绘制效果，前后对比如图7-52所示。

图7-52 绘制灯带前后对比

Step 4

打开需要添加LED灯带的图像，选择工具箱中的画笔工具，载入光域网笔刷样式，新建图层，设置前景色、画笔大小和羽化效果，在当前页面中，单击鼠标左键，完成灯光绘制，如图7-53所示。

图7-53 光域网笔刷绘制LED灯带

7.4.2 调整合成

在使用Photoshop软件进行效果图后期处理时，调整图像的影调、色调以及合成应用相对广泛，不仅可以解决效果图渲染的不足和瑕疵，还可以为效果图表现起到锦上添花的效果。

1. 色彩调整

Step *1*

打开需要进行色彩调整的图像文件，对需要调整的区域建立选区，按【Ctrl】+【J】组合键生成单独的图层，单击图层面板底部的"创建新的填充或调整图层"按钮，建立"色相/饱和度"调整图层，更改对象颜色等内容，前后对比如图7-54所示。

图7-54 色彩调整

2. 添加物品

Step *2*

根据当前效果图场景的需要，从另外的素材文件中选择需要导入的内容，粘贴到当前文件中，按【Ctrl】+【T】组合键，调整装饰画尺寸和位置，根据实际情况需要，可以使用"变形"操作，进行装饰画大小和位置调整，双击图层，在弹出的界面中，添加"投影"的图层样式，增加图形的立体感，如图7-55所示。

图7-55 自由变换添加物品

Step 3

采用同样的方式，可以将其他对象添加到当前场景中，如图7-56所示。

图7-56 物品添加

3. 增加图像层次

在进行效果图后期处理时，需要遵循现实生活中的明暗过渡效果，增加图像的层次对比。

Step 4

在命令面板图层列表中，新建图层，在工具箱中，选择从黑到白的线性渐变，光标置于当前页面下方，单击并向上拖动鼠标，借助【Shift】键，限制水平或垂直方向，更改图层混合模式为"正片叠底"，更改"填充"不透明度，如图7-57所示。

图7-57 增加图像对比

Step 5

　　除了上述的具体调节之外，还可以进行更换背景、添加绿植等操作，不同的场景，其后期处理的方法类似，达到为效果图锦上添花的效果，后期处理前后对比如图7-58所示。

技巧说明

在使用Photoshop软件进行后期处理操作时，很多应用技巧无法通过图文展示的方式来表达，建议广大读者多学习本书配套的视频教程。

图7-58 前后整体对比

图7-58 前后整体对比（续）

7.5 实战演练

根据本章节介绍和讲解的内容，完成以下作业和思考题。

79.提取毛发类图像
进行合成制作

1. 提取毛发类图像进行合成制作

原图和最终效果如图7-59所示。

图7-59 毛发类图像合成

2. 提取透明类图像进行合成制作

原图和最终效果如图7-60所示。

图7-60 透明类图像合成

3. 效果图后期图像处理

原图和最终效果如图7-61所示。

图7-61 效果图后期处理

📑 实战案例

提取透明类图像进行合成制作

素材所在位置：
第7章 / 练习2.psd

80.提取透明类图像
进行合成制作

📑 实战案例

效果图后期图像处理

素材所在位置：
第7章 / 练习3

81.效果图后期图像
处理

CHAPTER 8

名片设计

通过前面基础知识的学习，大家对 Photoshop 软件的基本操作有了一定的掌握，本章开始介绍生活当中比较常见的名片设计。通过学习，掌握名片设计的方法和技巧。

在进行商务活动交流时，名片作为一个重要的信息传递工具，既起到了信息交流的作用，又可以传播企业形象，是商务活动中不可缺少的组成部分。如何让自己的名片给接收者留下深刻的印象，是本章将要讲解的内容。

本 | 章 | 要 | 点

- 名片设计
- 名片材料和工艺

8.1 名片设计

将名片持有人的信息集中到小小的卡片上，需要进行精心的设计与准备，既要把个人信息准确地传递，又要给接收者留下印象，而不是被接收者泛泛地看完，随手就扔到再也找不到的地方。如何才能让自己的名片从众多的名片中脱颖而出呢？这就需要设计师们对名片进行精心的设计。

8.1.1 认识名片

在进行名片设计之前，需要了解名片包含的基本信息、设计的字体、颜色和材质等基本属性。

1. 包含信息

名片在进行信息传递时，通常需要包含企业LOGO和企业名称，名片持有人姓名、职位、电话、地址等基本信息，还包括业务范围、微信、企业网址、QQ及其他联系信息，如图8-1所示。

图8-1 包含信息

2. 设计字体

在进行名片设计时，一个名片中包含的字体信息（包括手写字体样式）通常要少于三种，若包含的字体样式过多，会影响名片的版面效果，如图8-2所示。

图8-2 设计字体

3. 颜色和标志

　　名片属于企业VI的重要组成部分，在进行设计时，需要与VI系统中的颜色和标志保持一致。对于企业标志，通常保存为矢量文件，方便根据实际需要更改尺寸大小，企业颜色通常以CMYK的数值进行保存，对于有专色要求时，需要单独对专色进行设置和存储，如图8-3所示。

图8-3 颜色和标志

4. 名片尺寸

　　在进行名片设计时，对于名片的尺寸需要根据设计的版式进行设计，常规的最大尺寸为90 mm×54 mm。对于个性名片，在进行设计时需要考虑名片的拼版，方便进行后期的印刷和裁剪。

综合案例

制作名片

素材所在位置：
第8章 / 名片手.pdf

82.制作名片

8.1.2 名片制作

在进行名片制作时，需要了解客户的基本信息，包括公司、姓名、职位和联系方式等信息，还需要了解客户想把哪些呈现在名片上，了解客户对名片的要求以及输出的材料。了解上述基本信息以后，接下来通过具体的案例讲解名片制作的流程、技巧和注意事项。

1. 新建文件

Step 1

启动Photoshop软件，按【Ctrl】+【N】组合键，执行新建文件操作，在弹出的界面中输入文件的基本信息，如图8-4所示。

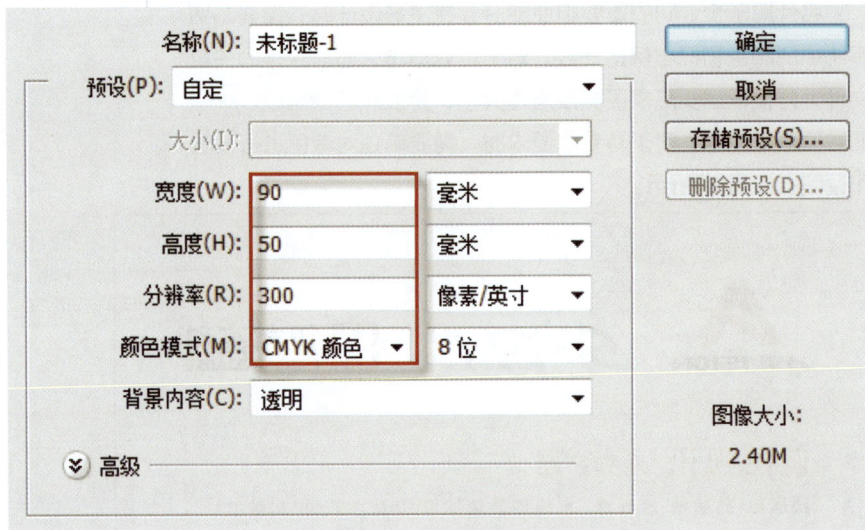

名称(N):	未标题-1		确定
预设(P):	自定		取消
大小(I):			存储预设(S)...
宽度(W):	90	毫米	删除预设(D)...
高度(H):	50	毫米	
分辨率(R):	300	像素/英寸	
颜色模式(M):	CMYK 颜色	8 位	
背景内容(C):	透明		图像大小:
高级			2.40M

图8-4 文件信息

2. 绘制图形

根据客户所从事行业的特点与要求，在名片背景中绘制图形。

Step 2

按【Ctrl】+【R】组合键，执行显示标尺操作，单击标尺并向页面中间拖动，生成辅助线，在工具箱中，选择钢笔工具，绘制路径，按【Ctrl】+【Enter】组合键，转换为选区，新建图层，填充绿色【CMYK（75，0，100，0）】，如图8-5所示。

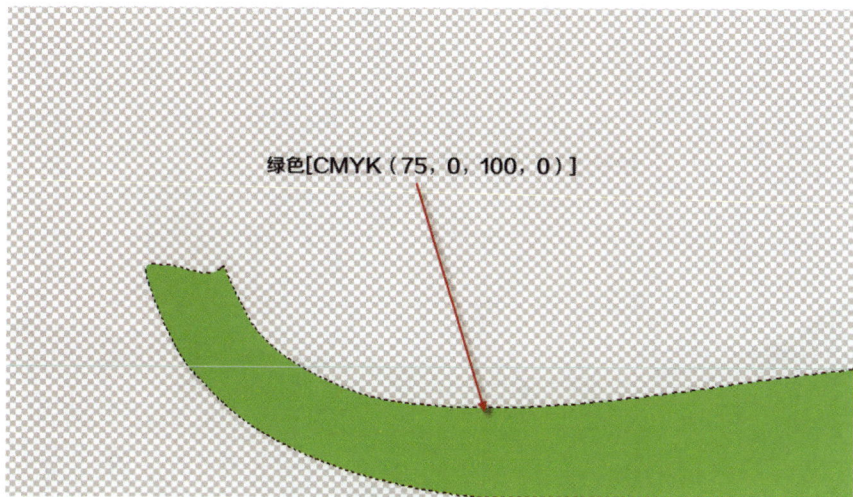

绿色[CMYK（75，0，100，0）]

图8-5 绘制路径并填充

Step *3*

按【Ctrl】+【D】组合键取消选择，再次使用钢笔工具绘制中间路径，设置前景色为白色，按【B】键，设置笔刷大小和样式，单击路径面板右上角按钮，在弹出的界面中，选择"描边路径"操作，生成中间白色线条，如图8-6所示。

图8-6 中间描边

Step *4*

利用钢笔工具绘制左上角图标，按【Ctrl】+【Enter】组合键，转换为选区，填充桔红色【CMYK（0，80，95，0）】，中间三角区域填充白色，完成背景图形绘制，如图8-7所示。

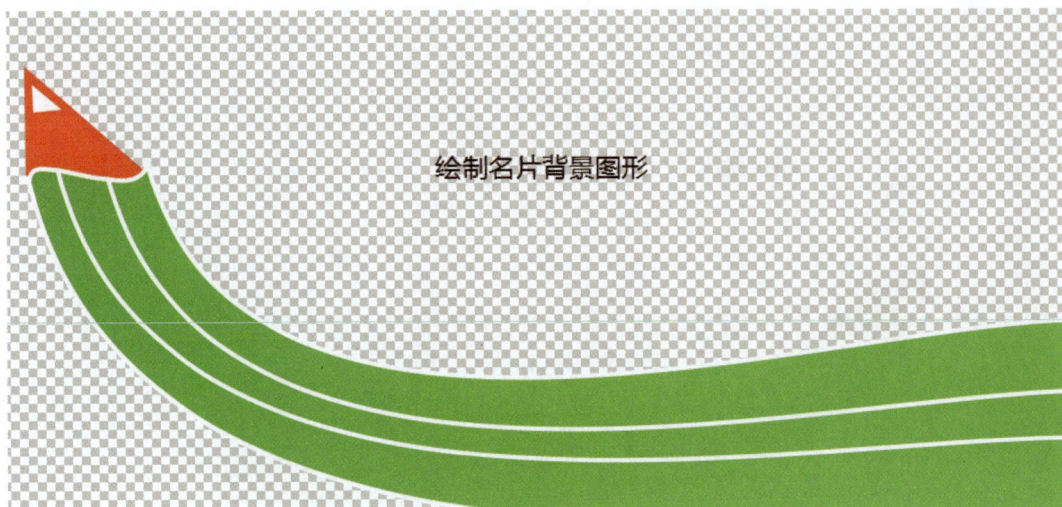

图8-7 背景图形

3. 输入名片信息

Step 5

选择文字工具，设置企业标准字体，输入企业信息，输入名片持有人基本信息，从外部导入电话、手机、微信等图标，进行内容排版，生成名片正面效果，如图8-8所示。

图8-8 名片正面

4. 背面制作

Step 6

新建同样尺寸大小的文件，采用同样的方法，绘制背面图形部分，生成名片背面底纹，如图8-9所示。

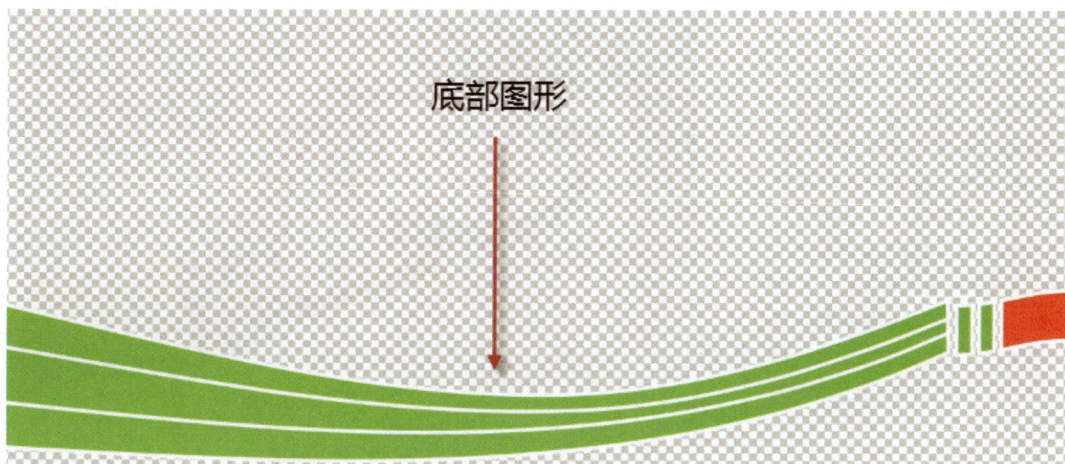

图8-9 名片背面图形

Step *7*

输入公司经营范围和二维码等信息，生成名片背面效果，如图8-10所示。

在线教育、图书策划、电商代运营
微信开发、设计策划（广告、装潢、动画、影视）

图8-10 背面信息

5. 添加名片素材

Step *8*

制作完名片后，可以将名片的效果添加到手势素材上，展现给客户查看效果。打开手势素材，建立中间名片区域，选择名片正面图形，在手势素材图像中，执行【编辑】/【选择性粘贴】/【贴入】操作，通过"自由变换"调整大小和位置，生成最后效果，如图8-11所示。

在进行名片制作时，需要在名片中添加设计师的创意，毕竟生活中普通的名片实在是太多，因此，在进行上述案例名片设计时，结合名片持有人从事教育行业的特点，在进行名片背景设置时，添加了一支铅笔样式，从正面看，又可以形象地理解为一条渐渐向上的马路，铅笔的红、绿颜色与企业颜色也进行了合理的结合。

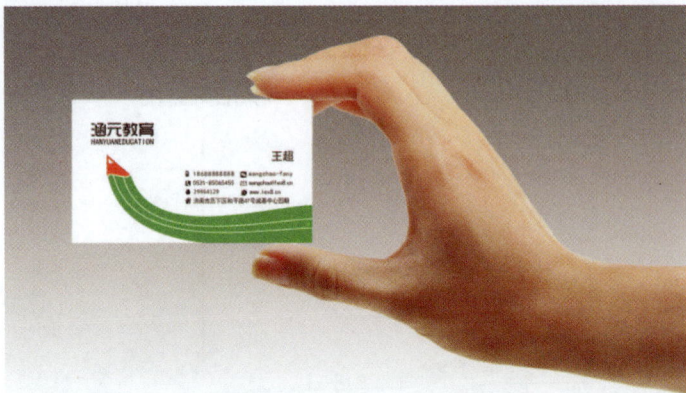

图8-11 名片效果

8.2 名片材料和工艺

名片设计完成后，还需要考虑最终印刷的材料和样式，不同的材料或样式，可以实现不同的效果，毕竟大众化的名片很难给接收名片的人留下深刻的印象。

在进行名片印刷时，根据选择的材料、装帧工艺不同，可以分为很多分类，不同的分类，对实际的输出又有着不同的要求。本章节分别从纸张材质和装帧工艺方面，介绍常见名片材料。

8.2.1 名片材料

在进行名片设计时，名片的材料有很多种，不同的材料可以给人留下不同的印象，因此，对于需要个性化设计的名片来讲，其使用的材料种类和特点，也是每一位设计师需要掌握和了解的知识。

名片的材料可以分为纸、PVC和金属等，对于纸质材料，根据其性能又可以分为很多种，不同类型的名片纸有不同的颜色、纹理和质地。

1. 普通白纸

进行名片设计时，通常使用200～300克的铜版纸，铜版纸的特点在于纸面非常光洁平整，平滑度高，光泽度好，是市场上名片的常用纸张，除了纸面平整、白度高外，还能使印出的图形、画面具有立体感，因而铜版纸被广泛地用来印刷画报画册、名片、风景画、精美挂历、人物摄影图等，铜版纸是印刷厂主要使用的纸张，如图8-12所示。

图8-12 铜版纸

2. 特种纸

在进行名片设计时，除了普通的白纸以外，还有很多特种纸张，方便进行个性名片印刷，常见的特种纸有冰白纸、刚古纸、莱尼卡纸、荷兰白卡纸、雅芙纸、哑粉纸等，随着工艺和技术的发展，未来也会出现更多的特种纸，如图8-13所示。

图8-13 特种纸

3. PVC

PVC名片主要是以一种乙烯基的聚合物材料为载体，采用丝网印刷技术，结合电化铝烫印等工艺制作出的一种特殊的名片。PVC材料具有防水、不变色、材质坚硬、回弹性良好等优点，如图8-14所示。

图8-14 PVC名片

4. 金属材质

在进行名片设计时，有时为了突出个性和给人留下深刻的印象，在名片材质上，也可以使用带有一定花纹的金属材质，如图8-15所示。

图8-15 金属材质

8.2.2 名片工艺

在进行名片制作时，除了掌握名片材质以外，还需要了解名片制作或是后期加工的不同工艺，如UV、模切、镂空、烫印等，名片后期工艺在某种程度上，可以为名片的效果起到画龙点睛的作用。

1. UV工艺

UV印刷是一种通过紫外光干燥、固化油墨的印刷工艺，需要含有光敏剂的油墨与UV固化灯相配合。

在使用UV印刷时，在一张印有你想要的图案的材料上面裹上一层光油（有亮光、哑光、镶嵌晶体、金葱粉等），主要是增加产品亮度与艺术效果，保护产品表面，其硬度高，耐腐蚀与摩擦，不易出现划痕，有些覆膜产品现改为采用UV工艺，能达到环保要求，UV产品不易粘贴，有些只能通过局部UV或打磨来解决。

图8-16 UV工艺

2. 击凸工艺

击凸有时也称压凸，是包装印刷加工工序中的一项重要工艺，是一种不用印刷油墨的压印方法。压凸时采用一组图文阴阳对应的凹模版和凸模版，将承印物置于其间，通过施加较大的压力压出浮雕状的凹凸图文内容。

名片通过击凸工艺操作后，对于需要特殊强调的区域进行了内容凹凸，使之获得生动美观的立体感，可以给人留下深刻的印象。压凸工艺使用得当能增加印刷图案的层次感，并对包装产品起着画龙点睛的作用，如图8-17所示。

图8-17 击凸工艺

3. 镂空工艺

在进行名片设计时，镂空名片的效果也非常有具有个性，在名片某一位置通过模刀执行镂空操作，镂空的形状、位置、组合是决定镂空名片美观度的关键。

在对名片执行镂空工艺操作时，模切切过的区域不能有断层，必须是连续的，太细的纹理或图案的边缘不建议进行镂空操作。虽然以前镂空多是做刀版，现在激光镂空可以更精确，但是纹理细的镂空图案容易出现质量问题，不易长期保持镂空外观，如图8-18所示。

图8-18 镂空名片

4. 模切工艺

模切是印刷品后期加工的一种裁切工艺，模切工艺可以把印刷品或者其他纸制品按照事先设计好的图形制作成模切刀版进行裁切，从而使印刷品的形状不再局限于直边直角。

模切是用模切刀根据产品设计要求的图样组合成模切版，在压力的作用下，将印刷品或其他板状坯料轧切成所需形状或切痕的成型工艺。

压痕工艺则是利用压线刀或压线模，通过压力的作用在板料上压出线痕，或利用滚线轮在板料上滚出线痕，以便板料能按预定位置进行弯折成型。通常模切压痕工艺是把模切刀和压线刀组合在同一个模板内，在模切机上同时进行模切和压痕加工的工艺，简称为模压。

在对名片进行模切工艺操作时，可以根据预先设计的模切图形，对名片进行模切操作，可以生成各种各样的名片效果，如图8-19所示。

图8-19 模切工艺

8.3 实战演练

根据本章介绍和讲解的内容，完成以下作业和思考题。

1. 制作模切名片

最终效果如图8-20所示。

图8-20 模切名片

2. 根据提供素材，制作专色名片

最终效果如图8-21所示。

图8-21 专色名片

实战案例

制作模切名片

83.制作模切名片

实战案例

根据提供素材，制作专色名片

素材所在位置：
第8章 / logo.ai

84.制作专色名片

CHAPTER 9

海报设计

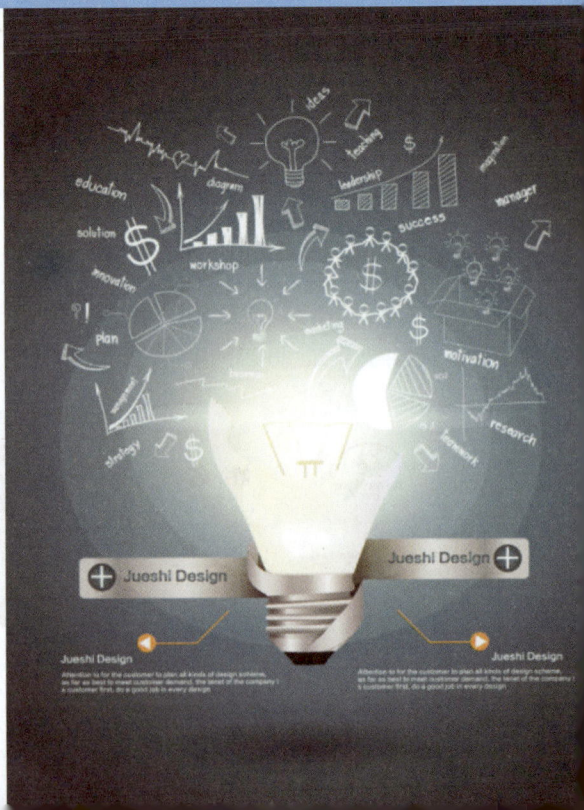

掌握基本工具和图像调整以后，就可以根据创意进行页面设计，将设计师的创意通过软件完美地展现出来，本章给广大读者介绍海报设计。

海报设计是在计算机平面设计技术应用的基础上，随着广告行业发展所形成的一种新技术。该技术是利用图像、文字、色彩、版面、图形等表达广告的元素，结合广告媒体的使用特征，为实现广告宣传的目的和意图，在计算机上通过相关设计软件进行平面艺术性创意的设计活动或过程。

本│章│要│点

- 店内海报
- 公益海报

综合案例

制作店内海报

素材所在位置：
第9章／泉味轩

85.制作店内海报

9.1 店内海报

海报设计涉及平面设计的各个领域，包括店内海报、招商海报、电影海报、展览海报等方面，店内海报通常应用于营业店面内，作店内装饰和宣传用。店内海报的设计需要考虑到店内的整体风格、色调及营业的内容，力求与环境相融合，使浏览者看到海报时，仿佛就看到了整个店面的VI信息。店内海报应当醒目地突出主题内容，这样也能更好地引导浏览者去阅读。

下面通过一个简单的宣传单页案例介绍店内海报设计。

1. 素材准备

在进行店内海报设计时，除了需要与客户进行主题、内容沟通以外，还需要准备海报设计的相关素材。素材准备充分后，就可以在创意设计的前提下，进行页面排版。进行店内海报设计时，需要准备的素材主要包括以下部分。

⑴ 企业VI信息

海报的设计需要包含企业VI的固定元素，每个企业在发展过程中，都需要有一些VI信息，包括企业标志、企业字体、企业颜色等相关信息。

在进行正式设计前，企业VI信息的相关资料需要从客户方获取，在收到相关信息之后，需要简单查看一下，确认是否能满足当前设计的输出要求。企业标志通常为"矢量"文件，可以满足不同的输出尺寸，如图9-1所示。

图9-1 矢量标志信息

(2) 海报主题素材

在进行本次店内海报设计时，因为需要设计的是促销海报，需要通过对店内所售物品的展示，吸引更多的顾客光临并给他们留下深刻印象，因此，在进行店内海报素材收集时，更多地引用店内的产品展示图，如图9-2所示。

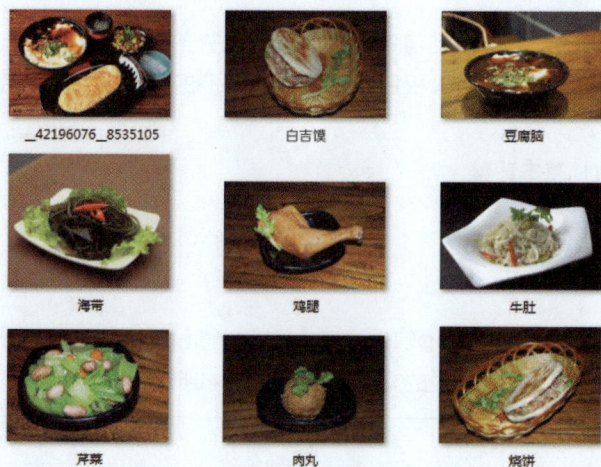

_42196076_8535105
白吉馍
豆腐脑
海带
鸡腿
牛肚
芹菜
肉丸
烧饼

图9-2 背景素材

(3) 海报活动文案

在进行店内海报设计时，不同的页面海报，有着不同的活动文案，在客户提出基本要求以后，就需要公司专门的文案人员进行文字内容的包装，活动文案的内容既要创意新颖，又要通俗易懂，有创意的文案可以吸引浏览者的眼球和注意力，通俗易懂的文案可以将活动内容解释清楚，没有歧义，省去店员们的重复解释，如图9-3所示。

2015年中秋/国庆活动细则

【宣传单页正面】

"拼"起来，"免费"吃

为了答谢广大顾客的支持与厚爱，值此双节之际，特别推出"朋友'拼'起来，套餐'免费'吃"的拼字游戏活动。

一、活动日期

2015年9月25日至2015年10月31日

二、活动规则

一次性消费满18元，就可以参加拼字游戏。具体流程是：

第一步：点　餐——每单消费满18元。

第二步：抽　字——从抽奖箱内任意抽出"最""爱""[illegible]""[illegible]""[illegible]"任意一个字

第三步：拼　字——

1、拼齐相同颜色的"[illegible]"3个字，即可到店免费领取15元套餐1份

2、拼齐相同颜色的"爱[illegible]"4个字，即可到店免费领取20元套餐1份

3、拼齐相同颜色的"最爱[illegible]"5个字，即可到店免费领取20元套餐两份

活动说明

1、每个字都盖有公司公章，且相同的字的字体颜色有两种，红色和蓝色

2、每人每次每餐仅有1次抓字机会

3、15元套餐：

A：素汁豆腐脑（小）+小笼蒸饺+五香茶蛋+精品凉菜+原味豆浆

B：肉汁豆腐脑（小）+酥皮火烧+自制狮子头+卤豆腐+原味豆浆

4、20元套餐：

肉汁豆腐脑（大）+小笼蒸饺+自制狮子头+精品凉菜+原味豆浆

【宣传单页反面】

"早营养"套餐（6：00-10：00）

A：素汁豆腐脑（小）+酥皮烧饼+五香茶蛋+原味豆浆=7元

B：素汁豆腐脑（小）+台湾手抓饼+五香茶蛋+原味豆浆=8元

C：肉汁豆腐脑（小）+酥皮烧饼+自制狮子头+原味豆浆=10元

图9-3 活动文案

⑷ **企业字体、企业颜色**

在进行海报设计时，对于企业VI信息中的字体样式、企业颜色等信息，通常采用固定字体样式和颜色数值，当企业名称字体样式为书法字体时，需要让客户提供扫描版企业字体样式。

2. 正面制作

通过与客户就当前海报的大体样式进行的全面沟通，确定海报主题风格和尺寸，根据客户提供的素材和资料，进行海报的初稿设计。

⑴ **基本背景**

Step *1*

启动Photoshop软件，按【 Ctrl 】+【 N 】组合键，在弹出的界面中，设置相关的文件参数，如图9-4所示。

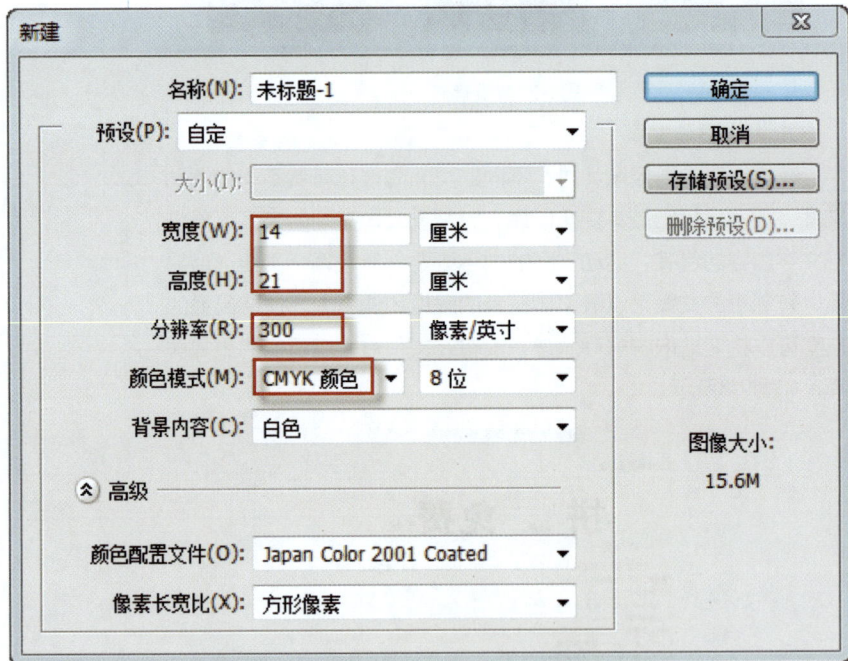

图9-4 文件尺寸和分辨率

Step *2*

在图层面板中，新建图层，填充企业颜色CMYK（ 40，40，100，0 ），新建图层，利用钢笔工具绘制多边形区域，双击图层，在弹出的界面中，设置"颜色叠加"图层样式，对海报背景进行"动感"效果制作，如图9-5所示。

图9-5 动感背景

Step *3*

  将需要做为背景的菜品图像导入到不同的图层中，通过蒙版进行区域的遮挡，分别调整到页面的边缘区域，结合"动感"背景的样式，中间预留出活动主题和内容区域，如图9-6所示。

图9-6 背景边缘

⑵ **页面主题**

Step *4*

  按【Ctrl】+【R】组合键显示标尺，光标置于标尺处，单击鼠标并向页面中间拖动，生成辅助线，导入企业标志和企业手写字体，在页面垂直方向的三分之一处，创建海报主题，再次复制文字图层并添加图层样式，突出主题文字的立体感，向右下方调整并错位，如图9-7所示。

图9-7 海报主题

⑶ 输入活动文案

Step 5

将活动方案内容在新图层输入，对于"活动说明"的部分，需要单独置于一个图层并添加"阴影"样式，大量文字说明区域之间可以添加"分隔线"，防止浏览者查看时，出现跳行或是视觉疲劳，如图9-8所示。

图9-8 文字排版

3. 背面制作

在单页海报正面样式制作完成后，需要截图给客户进行查看，确认版面的色彩、风格、布局和内容等基本信息，根据客户的建议或要求进行部分修正，多次修正完成后，需要客户确认海报正面效果。

海报正面效果得到客户通过后，在进行背面制作时，海报的色彩、风格就可以直接使用。在进行背面设计时，版面布局和内容为版面核心。

⑴ **页面背景**

Step 6

按【Ctrl】+【N】组合键，新建与"正面"尺寸相同的文件，新建图层并填充企业颜色，再次新建图层，利用钢笔工具绘制多边形区域并填充颜色，双击图层，在弹出的界面中，添加"阴影"样式，生成页面背景，如图9-9所示。

图9-9 背景

⑵ **页面排版**

Step 7

根据客户要求，需要在海报背面进行不同套餐的产品组合展示，分别在不同的图层中，导入产品图片并添加"阴影"图层样式，输入套餐价格数字。对于另外的套餐价格，可以直接将当前图层拖动到图层面板下方的"创建新图层"按钮，在新建图层中将文字移动到其他位置，直接更改套餐价格即可，如图9-10所示。

图9-10 套餐组合

> ✏️ **技巧说明**
>
> 在进行产品类海报制作时，可以在素材文件准备阶段，进行素材的抠图和提取操作，保存为"*.PSD"格式，方便在进行排版时快速合成。

Step 8

在工具箱中，选择文字工具，在不同的套餐处，添加具体的说明文字，文字颜色保持与套餐价格一致，如图9-11所示。

图9-11 套餐说明

Step 9

最后，在页面右下角部分，使用文字工具输入参与活动的分店地址和注意事项，完成海报背面制作，如图9-12所示。

注意事项

对于最终需要锯齿制版的手撕类排版设计，要严格控制好正反面内容的对齐，正反面文件制作完成后，需要导入到同一个文件中，调整图层不透明度，查看正反两面的对应关系，防止印刷完成后，正反两面错位，影响海报的手撕操作。

图9-12 海报背景

9.2 公益海报

公益海报，顾名思义是为了突出或体现某个公益主题而设计的，而以纯经济利益为目的的商业海报由于产品目标受众的局限性，无法摆脱激烈的市场竞争及利益操纵，过分注重物质层面的商业价值，从而忽略了精神层面的文化价值、艺术价值，难以获得长久的生命力。

在信息时代的今天，许多企业都投入到公益海报设计中来，以此作为塑造企业自身形象的媒体窗口，商业海报的运作也因此更注重文化性、艺术性，借以缩短同公益海报在文化上的差距，进而提高其亲和力及美誉度。可见，信息时代的公益海报在这个多元化的设计领域中,为设计师提供了无限的创意空间，同时也成为现代设计文化和观念的传播者，它在有效传达人类精神文化的主题下，以神奇的视觉符号，在非凡的创意中注入文化理念，让设计与心灵对话，传达设计文化的视觉语义和生命力，并成为反映时代文化、先进文化的传媒代表。

在进行海报设计时，通常根据设计的主题和基调进行整个海报的设计，可以分为单张海报和成套海报两种。

9.2.1 单张海报

进行公益海报制作时，需要根据海报张贴或展示的位置，确定海报设计的尺寸、分辨率和色彩模式等信息，既要保证输出时的画面清晰，又需要保证画面色彩的精准。因此，应当在进行公益海报设计前，跟客户沟通好上面的基本信息，再进行标准的海报设计。

1. 新建文件

根据与客户的沟通，确定公益海报是通过移动终端、彩页和喷绘海报等方式中的哪种方式进行展示，在新建文件时，可以以对尺寸要求较高的彩页为制作基准，其他媒介在此基础上，再进行不同的尺寸输出。

Step *1*

启动Photoshop软件，按【Ctrl】+【N】组合键，新建宽高比为3:1的页面尺寸的文件，如图9-13所示。

📑 综合案例

制作单张公益海报
素材所在位置：
第9章 / 保障.psd

86.单张公益海报

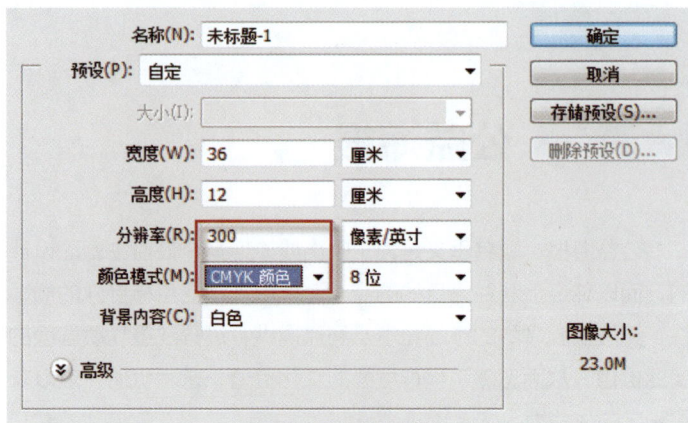

图9-13 新建文件

Step 2

设置前景色为绿色【CMYK（100，0，100，0）】对背景进行颜色填充，新建图层，导入浅色纹理图像，设置当前图层混合模式为"正片叠底"，生成海报背景，如图9-14所示。

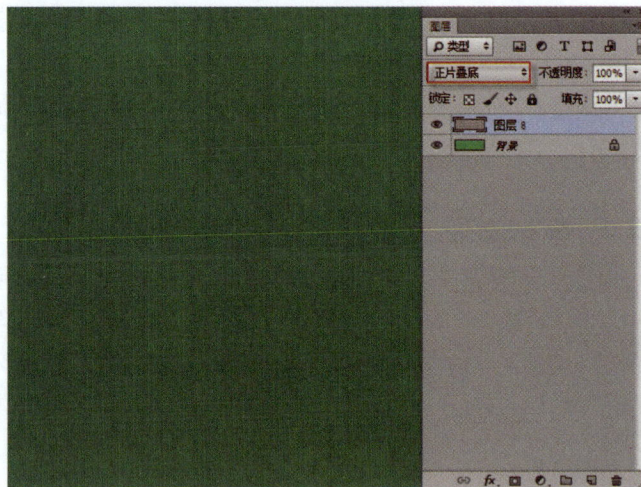

图9-14 海报背景

2. 创建纹理

Step 3

新建图层，利用钢笔工具绘制纹理边缘，按【Ctrl】+【Enter】组合键转换为选区，填充颜色CMYK（75，70，60，50），新建图层，调整笔刷样式，设置前景色为白色，依次绘制线条，如图9-15所示。

图9-15 绘制纹理

Step *4*

选择深灰色图层，再次新建图层，调整画笔羽化程度，单击
并涂抹，创建三个鞋眼选区，添加"阴影"样式，生成左侧一半
的造型，将图层建立"链接"，拖动到底部"创建新图层"按
钮，通过"自由变换"操作，调整位置，生成纹理部分，如图
9-16所示。

图9-16 基本纹理

Step *5*

新建图层，建立黑色区域选区，导入纹理图像，设置图层混
合模式为"正片叠底"，生成底部纹理区域，如图9-17所示。

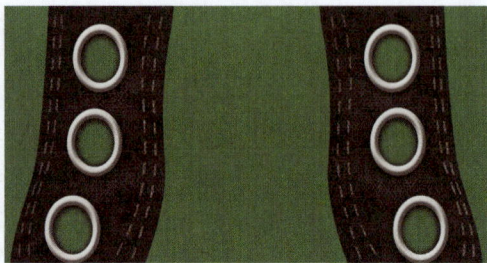

图9-17 添加纹理

3. 编织鞋带

Step *6*

新建图层，利用钢笔工具绘制其中一侧鞋带选区，填充白色，执行【选择】菜单/【变换选区】命令，按住【Shift】+【Alt】组合键的同时，向内缩放选区，填充灰色，通过"画笔工具"，结合深灰色进行涂抹，新建图层，绘制中间黄色虚线，将两个图层执行"链接"操作，按同样方法，复制生成另外一侧鞋带，调整位置，生成一对鞋带造型，如图9-18所示。

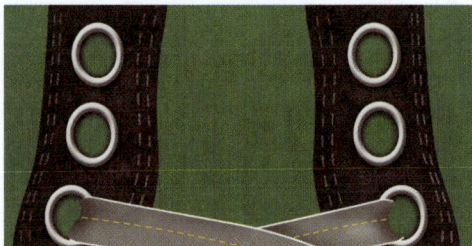

图9-18 一对鞋带

Step *7*

将图层链接在一起，单击并拖动到图层面板底部的"创建新图层"按钮，生成新图层，调整鞋带之间的遮挡关系，生成编织鞋带造型，如图9-19所示。

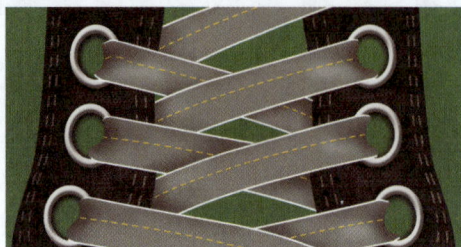

图9-19 编织鞋带

Step *8*

新建图层，建立鞋带中间灰色部分的选区，载入并编辑纹理图像，设置图层混合模式为"柔光"，生成鞋带的最终效果，如图9-20所示。

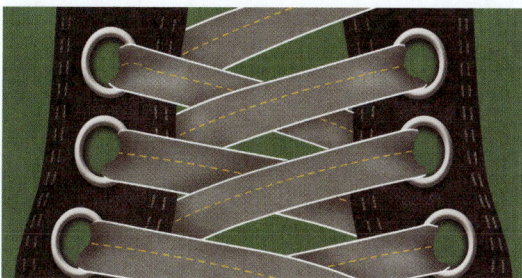

图9-20 鞋带效果

4. 主题文字

Step *9*

选择文字工具，输入当前海报的主题文字，为了方便后面的单独调节，可以将不同行的文字各自作为一个单独的对象来输入，如图9-21所示。

图9-21 主题文字

9.2.2 成套海报

在进行公益海报设计时，对于同时需要传达多个信息的情况，可以通过成套的海报来实现，这样既有很强的阅读性，又可以起到公益宣传的目的。因此，在进行公益海报设计时，成套的海报是一种不错的选择。

成套的海报的份数没有严格的要求，只需要将单个海报组合起来传递同一种信息即可。因此，在进行成套海报设计时，可以

📋 总结

在进行公益海报设计时，海报的创意占据了大部分内容，简单易懂、寓意明朗的创意容易给浏览者留下深刻的印象，也可以更好地表达公益海报的主题思想。后期的制作，需要围绕创意设计进行加工。

📑 综合案例

制作成套公益海报

素材所在位置：

第9章 / 远光灯.psd

87.成套公益海报

从海报的主题入手，利用多个海报共同形成需要传达的内容。

下面以交通规则为主题，讲解成套公益海报的制作。在进行交通主题类公益海报设计时，给广大浏览者更多的是提醒和警示，因此，在海报色调选择上，以黄、黑色为主。

1. 新建文件

Step *1*

启动Photoshop软件，新建A3标准纸张大小，分辨率为300像素/英寸，颜色模式为CMYK，如图9-22所示。

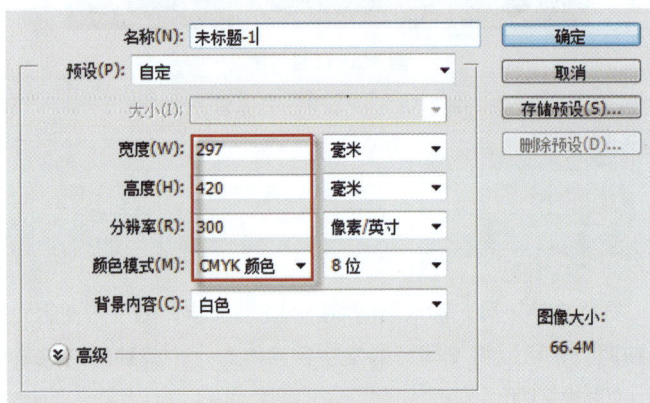

图9-22 新建文件

Step *2*

设置前景色为黄色【CMYK（0，20，100，0）】，对背景进行填充，导入汽车顶视图像，提取轮廓部分，新建图层，填充黑色，如图9-23所示。

图9-23 提取图形

194

2. 海报主题

Step *3*

对汽车所在的图层执行"隐藏"操作，调整提取轮廓图层的位置和角度，新建图层，利用钢笔工具绘制区域，按【Ctrl】+【Enter】组合键，转换为选区，填充黑色，导入人物轮廓图像部分，如图9-24所示。

图9-24 合成图像

3. 输入文字

Step *4*

选择文字工具，分别在不同的位置，输入醒目的公益海报文字，在页面的右下角输入中文内容，如图9-25所示。

图9-25 海报文字

Step *5*

在已制作好的海报图像基础上生成反相对比图像，提供这两种风格，供客户选择。具体操作时，新建图层，按【Ctrl】+【Shift】+【Alt】+【E】组合键，执行"盖印"图层操作，单击图层并拖动到底部"创建新图层"按钮上，按【Ctrl】+【I】组合键，执行"反相"操作，生成对比图像，如图9-26所示。

图9-26 色彩对比

4. 其他海报

Step *6*

采取与上述方法类似的操作，生成成套海报当中的另外两张，在此不再赘述，如图9-27所示。

图9-27 另外两张海报

📋 **总结**

在进行成套海报设计时，多个海报共同组合成一个主题，应当以主题为中心，结合创意进行设计。优秀的海报设计，在内容或文字上不是篇幅的堆叠，而是给人留下深刻的印象，形成长期的影响。

9.3 实战演练

根据本章介绍和讲解的内容，完成以下练习。

1. 根据提供的案例，模仿制作海报

最终效果如图9-28所示。

图9-28 购物活动海报

2. 制作公益海报

最终效果如图9-29所示。

图9-29 公益海报

实战案例

根据提供的案例，模仿制作海报

素材所在位置：
第9章/练习1.psd

88.根据提供的案例，模仿制作海报

实战案例

制作公益海报

素材所在位置：
第9章/练习2.psd

89.制作公益海报

CHAPTER **10**

DM 与电商页面设计

红心火龙果 VS 白心火龙果

果型
果子偏小

果皮
叶片较短，密集紧贴果皮

果肉
更甜更美味

果型
果型浑圆更大个

果皮
叶片大而长，比较稀疏

果肉
甜中带酸清爽口感

随着社会的发展和进步，Photoshop 软件的应用也在不断发生着巨大的变化，从最初的摄影后期图像明暗调整，发展到应用在平面设计的各个领域，特别是近几年电商和"互联网＋"的不断发展和壮大，也给平面设计的应用拓展了更为广阔的空间。

本 | 章 | 要 | 点

- DM 设计
- 电商页面设计

产品细节图 Details

10.1 DM设计

DM是英文Direct Mail的缩写，意为快讯商品广告，通常由8开或16开广告纸正反面彩色印刷而成，通常采取邮寄、定点派发、选择性派送到消费者住处等多种方式作为宣传手段，是超市最重要的促销方式之一。

DM除了用邮寄以外，还可以借助于其他媒介，如传真、杂志、电视、电话、电子邮件及直销网络、柜台散发、专人送达、来函索取、随商品包装发出等。

DM与其他广告形式的最大区别在于：DM可以直接将广告信息传送给真正的受众，而其他广告形式只能将广告信息笼统地传递给所有受众，而不管受众是否是广告信息的真正受众。

1. DM封面制作

在进行DM设计时，需要考虑当前广告的阅读用户群体所关注的内容，通过醒目的画面和夸张的文字，让接收者有更多的视觉停留，增加浏览者的阅读趣味，实现DM展示物品的购买转化率，达到DM设计的目的。

⑴ 新建文件

Step *1*

启动软件，按【Ctrl】+【N】组合键，按4开全版尺寸新建文件，如图10-1所示。

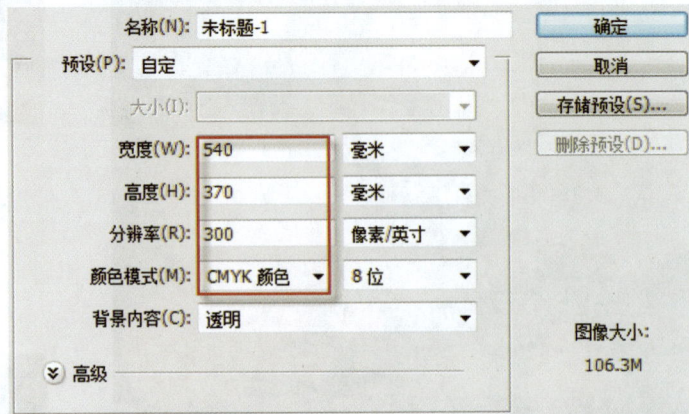

图10-1 4K页面

Step 2

按【Ctrl】+【R】组合键，显示标尺，在工具箱中，选择
"矩形选框工具"，在属性栏样式下拉列表中，选择"固定大
小"，设置宽度和高度均为10毫米，在四个边角创建选框的同
时，单击标尺并向页面中间拖动，生成距页面边缘为10毫米的辅
助线，对背景填充红色【CMYK（0，100，100，0）】，如图
10-2所示。

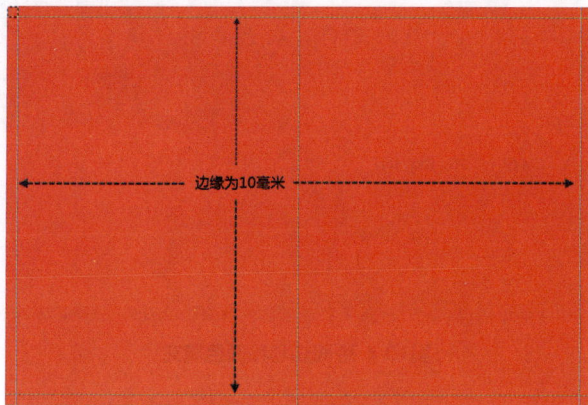

图10-2 设置边缘

⑵ **版面规划**

Step 3

将10毫米方形选区移动到页面中间辅助线，创建两条辅助
线，分别在页面两辅助线区域创建矩形选区，执行【编辑】菜
单/【描边】命令，在弹出的界面中，设置宽度为20像素，颜色
为白色，位置为"内部"，如图10-3所示。

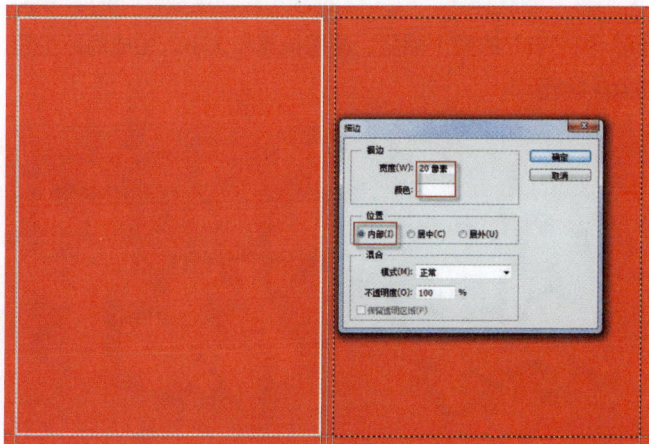

图10-3 区域描边

201

Step 4

在页面的不同位置创建不同的版块并填充底色，如图10-4所示。

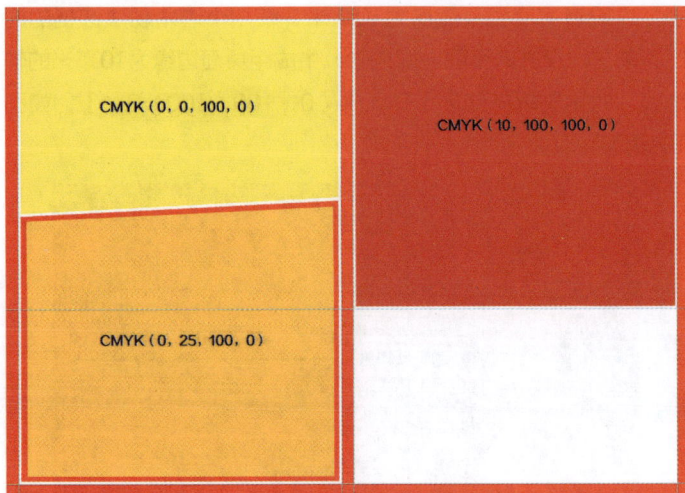

图10-4 版面规划和颜色填充

⑶ **海报主题**

Step 5

选择合适的字体，设置颜色为CMYK（0，10，100，0），输入"情暖"两个字，双击图层，在弹出的图层样式界面中，设置"描边"和"内阴影"样式，单击文字图层并拖动到面板底部"创建新图层"按钮上，在新建的图层中更改文字内容为"冬季"，再输入"火"，文字颜色更改为白色，设置"描边"和"内阴影"图层样式，以同样的方式复制生成文字内容分别为"锅"和"节"的两个图层，调整位置和大小，生成海报主题，如图10-5所示。

图10-5 海报主题

⑷ **核心区域**

Step *6*

　　导入四边修饰的图形作为核心区域背景，添加辅助线，创建以单击点为中心的圆形选区，执行【选择】菜单/【变换选区】命令，按住【Alt】键的同时，执行水平拉伸操作，执行【编辑】菜单/【描边】命令，设置宽度为10像素，颜色为红色，位置为内部，如图10-6所示。

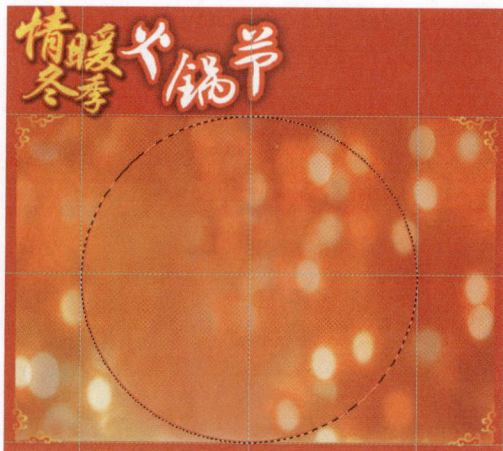

图10-6 中心圆盘

Step *7*

　　按【Ctrl】+【D】组合键，取消选区，按【B】键，设置笔刷大小为10像素，利用钢笔工具创建圆盘间隔路径，再次选择"画笔工具"，新建图层，直接按【Enter】键，完成描边操作，如图10-7所示。

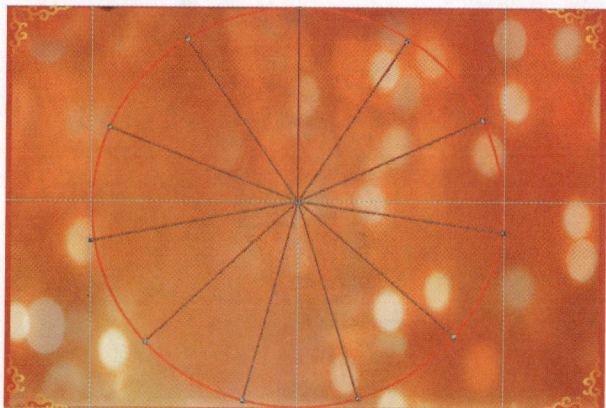

图10-7 中心分割

Step 8

选择圆形所在图层，建立选区，选择"橡皮擦"工具，对中心分割的线条多余部分进行擦除，设置圆心区域颜色为黄白色【CMYK（0，0，30，0）】，按【Alt】+【Delete】组合键，进行前景色填充，建立其中一个扇形选区，复制需要导入的图形，在当前文件中，执行【编辑】/【选择性粘贴】/【贴入】命令，通过【Ctrl】+【T】组合键进行自由变换操作，调整大小和位置，如图10-8所示。

图10-8 导入图像

Step 9

按同样的方式，将另外的图形导入对应区域，最后导入中间的火锅图形，输入相关的商品名称和规格，如图10-9所示。

图10-9 导入其他图像

Step *10*

新建图层，创建圆角矩形路径，填充黑色，依次复制图层，分别填充红色和黄色，向左上方移动2个像素，输入价格数字并对当前图层执行"描边"操作，生成封面中间部分。最后在上部右侧导入两个方形区域，保持与左侧标题画面平衡，如图10-10所示。

图10-10 中间区域完成效果

⑸ 婚庆商品

Step *11*

建立婚庆商品区域的选区，将背景文件导入并粘贴，设置字体为"方正中倩"，输入"婚"，通过【Ctrl】+【T】组合键进行水平倾斜变换操作，设置颜色为淡粉色【CMYK（0，30，0，0）】，复制文字图层，设置颜色为白色并向左上方移动，按住【Ctrl】键的同时，单击文字图层，生成白色文字选区，新建图层，执行【选择】菜单/【修改】/【收缩】命令，设置收缩量为5个像素，分别设置前景色为CMYK（0，100，10，0），背景色为CMYK（0，100，80，30），利用"径向渐变"方式填充，采取同样的操作方式，创建"庆"和"商品"等文字，创建修饰线条，如图10-11所示。

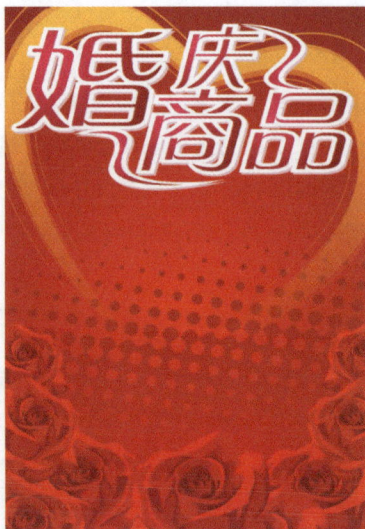

图10-11 婚庆商品区域文字

Step *12*

导入婚庆常用商品的图片，对图层执行描边操作，颜色为白色，创建圆角矩形路径，转换为选区，填充黄色，选择文字工具，输入相关的说明事项，如图10-12所示。

图10-12 婚庆商品区域完成效果

⑹ **团购区域**

Step *13*

创建矩形区域，填充黄色【CMYK（0，0，100，0）】，添加红色点状图形，设置图层混合模式为"叠加"，通过"对称线形渐变"进行填充，生成团购区域背景，如图10-13所示。

图10-13 团购区域背景

Step *14*

选择文字工具，输入"团"字，双击文字图层，在弹出的图层样式界面中，设置"描边"和"投影"样式，右击文字图层，选择"栅格化文字"操作，选择"线性渐变"工具，进行从浅蓝到深蓝渐变颜色填充，采取类似的方法，输入其他文字内容，如图10-14所示。

图10-14 团购区域文字

Step *15*

创建多边形选区，利用"线性渐变"填充，在没有取消选区的前提下，执行【编辑】/【描边】命令，进行宽度为10个像素的白色居外描边操作，输入团购电话并进行"描边"操作，导入团购区域的商品图片，输入产品规格和价格，完成团购区域设计，如图10-15所示。

图10-15 团购区域完成效果

2. DM封底制作

封面制作完成后，可以在相同风格下，进行封底的页面设计，单击标尺并向页面中间拖动，生成封底区域辅助线，进行版面的内容分割。

⑴ **会员独享区**

Step *16*

新建图层，在页面左上角区域创建圆形选区，设置前/背景色，选择工具箱中"渐变工具"，设置为线性渐变，从左上角单击并向右下角拖动，进行从深红到红色的颜色填充，新建图层，建立圆形选区，填充白色，双击图层，添加"投影"样式，选择红色圆所在的图层，利用钢笔工具绘制修饰线条，按【Ctrl】+【Enter】组合键，填充红色，生成左上区域修饰内容，如图10-16所示。

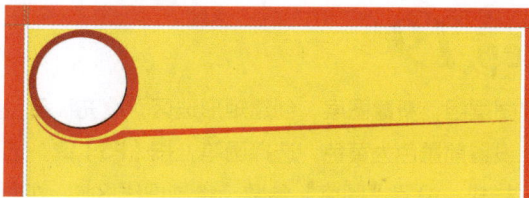

图10-16 修饰部分

Step *17*

选择文字工具，设置字体为"方正大黑"，分两次输入"会员"和"独享"，方便对每一行进行单独编辑，按【Ctrl】+【T】组合键，进行文字变形，双击文字图层，在弹出的界面中，设置"描边"样式，对文字层执行"栅格化文字"操作，对"独享"所在图层进行透视变形操作，对图层执行"合并"操作，建立文字选区，按与底部圆形相反的渐变填充，对当前图层添加"投影"样式，如图10-17所示。

图10-17 "会员独享"文字内容

Step *18*

再次选择文字工具，输入"超级让利价"，双击图层，在弹出的界面中，添加"描边"和"投影"样式，再输入特惠日期的起止时间，选择"超级让利价"所在的图层样式，粘贴到特惠日期所在的图层，对文字图层进行"自由变换"生成文字部分，如图10-18所示。

图10-18 特惠说明文字内容

Step *19*

新建图层组，新建图层，创建矩形选区，填充红色，再次新建图层，设置前景色为黄色，选择画笔，按【F5】键，选择"方头画笔"样式，设置"圆度"参数，绘制虚线区域，如图10-19所示。

图10-19 绘制虚线

Step *20*

双击虚线所在图层，在弹出的图层样式中，选择"阴影"样式，将样式复制给底部红色矩形所在图层，粘贴当前画框内的商品，输入价格，调整位置。选择虚线和红色矩形区域所在图层，执行复制操作，作为另外商品的背景，选择当前图层组，按【Ctrl】+【T】组合键，执行"自由变换"操作，进行"倾斜"变形操作，与当前背景的角度保持一致，如图10-20所示。

图10-20 会员商品区域完成效果

⑵ 特惠商品

Step *21*

建立特惠区域选区，设置前/背景色，利用"径向渐变"进行填充，利用钢笔工具绘制云形区域，填充红色【CMYK（0，100，100，0）】，利用画笔绘制虚线线条，如图10-21所示。

图10-21 特惠区域背景

Step *22*

新建图层，创建圆形选区，填充桔黄色【CMYK（0，60，100，0）】，通过光标键，将选区往左上角移动，再次新建图层，填充黄色【CMYK（0，5，100，0）】，再次创建圆形选区，执行【编辑】菜单/【描边】命令，设置位置为居中，宽度为5像素，对当前两个图层进行链接操作，按【Ctrl】+【T】组合键，进行水平缩放，添加"内阴影"图层样式，新建图层，输入"1元"，调整大小和位置，再次复制一层，更改颜色并向左上角移动，创建"1元"所在区域选区，填充颜色和渐变，调整图层位置，生成1元样式，如图10-22所示。

图10-22 "1元"效果

Step 23

按照同样的方法，生成另外的几个特价样式，如图10-23所示。

图10-23 特价样式

⑶ **产品标签和规格**

Step 24

新建图层，创建矩形选区，填充红色，将当前图层复制，向左侧和上方移动1个像素，再填充黄色，输入产品标签和规格，设置文字图层样式为"描边"，如图10-24所示。

图10-24 产品标签和规格

Step *25*

导入已经提取完成的商品图形，调整位置，生成特惠商品区域版面，如图10-25所示。

图10-25 特惠商品区域完成效果

📑 总结

通过对DM海报案例的讲解，重点介绍了促销海报的版面设计、版面分区、风格选择、突出重点等方面的设计与制作，对于产品抠图和内容排版等相对简单的部分，只要广大读者自行练习就可以掌握其操作和技巧。

10.2 电商页面设计

随着网络普及与网络速度的提升，以及移动终端的飞速发展，近几年互联网电商方面得到了快速增长，在国家宏观调控"互联网＋"的影响下，未来一段时间内，将仍然是一个热门且增长迅速的行业。这也将平面设计应用的领域，又拓展了一个新的空间。

在进行电商页面设计时，对于商品或产品，通常称之为宝贝，对宝贝的展示设计，主要分为宝贝主图和详情页两部分。接下来以丑柑为例介绍宝贝主图和详情页的设计。

1. 宝贝主图

在进行电商设计时，宝贝主图的设计至关重要，醒目并具有吸引力的主图会增加浏览者的兴趣，能够促使浏览者点击宝贝并查看内部的详情页面。因此，要想在300像素×300像素的方形区域内，达到吸引浏览者的目的，需要设计师们下足功夫。

📝 综合案例

电商页面设计与制作
素材所在位置：
第10章/主图和详情页

🎥

91.电商页面设计与制作

⑴ **设计要求**

宝贝展示页面通常包括5个主图，尺寸最少为500像素×500像素，通常设计为800像素×800像素以上的正方形，方便在进行实际预览时，光标置于主图时，在主图的旁边显示局部图像放大效果。主图在进行设计时，要符合主题明确、构图合理、色彩舒适等要求，具有足够吸引浏览者点击查看内容等特点。

⑵ **主图设计**

Step *1*

启动Photoshop软件，按【Ctrl】+【N】组合键，在弹出的界面中，设置新建文件基本信息，如图10-26所示。

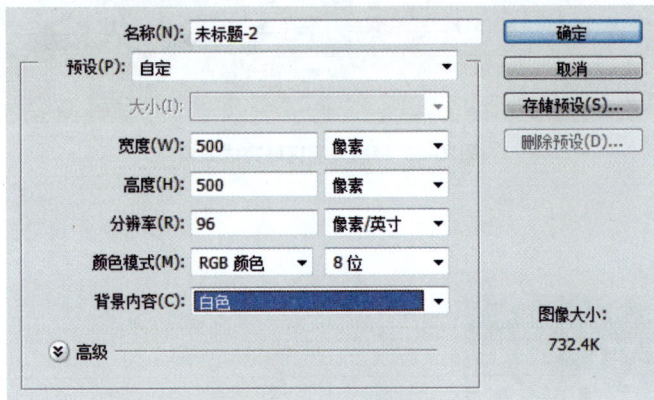

图10-26 新建文件

Step *2*

导入拍摄的丑柑的清晰大图，调整大小和位置，预留出一定的空隙和LOGO区域，分别执行"色阶"和"色彩平衡"操作，提高主图的亮度和颜色的饱和度，如图10-27所示。

图10-27 页面内容

Step *3*

导入丑柑的绿色叶子图像，在左侧和右侧进行构图和色彩搭配，页面的左上角导入店铺名称或企业LOGO，完成宝贝1个主图的制作，如图10-28所示。

图10-28 主图

Step *4*

采取同样的方法，制作另外的4个主图，如图10-29所示。

图10-29 另外4个主图

2. 宝贝详情页

宝贝详情页需要给浏览者展示商品的更多细节，让浏览者全方面地了解商品的特点、性能、规格等方面的信息，增加浏览者在页面的停留时间，达成商品成交的目的。

在进行详情页面设计时，需要注重商品的文案设计，合理的文案思路搭配对应的设计素材，才是详情页面设计的关键内容。对于不同的宝贝详情页面，其文案的内容是不同的。

总结

在进行宝贝主图设计时，需要保持版面整洁，色彩丰富，具有很强的视觉冲击力。也可以在主图下方，添加"包邮""累计销售量"等促销信息。

⑴ **设计要求**

在进行宝贝详情页设计时，需要考虑在电脑或移动终端设备上的显示效果，打开的速度和等待时间。

在进行详情展示时，详情页在保持宽度一定的前提下，从商品的特征、来源、规格、对比和物流方面进行逐步地介绍。

⑵ **详情页设计**

Step 5

启动Photoshop软件，按【Ctrl】+【N】组合键，在新建文件界面中，输入文件基本信息，如图10-30所示。

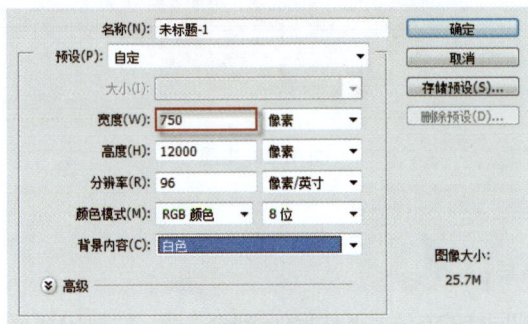

图10-30 新建文件

Step 6

按【Ctrl】+【R】组合键，显示标尺，按【M】键，选择"矩形选框工具"，在属性栏"样式"下拉列表中，选择"固定大小"，输入宽度为"10像素"，在页面中单击并移动到左侧，单击标尺并向页面中间拖动，生成距离左侧边缘10像素的辅助线，同样方式，生成距离右侧边缘10像素的辅助线，设置前景色为黄白色【RGB（255，245，235）】，对详情页第一屏进行前景色填充，中间导入主图所用图像，如图10-31所示。

图10-31 边缘和中心图

Step 7

导入丑柑开花时的图像，单击图层面板底部"添加图层蒙版"按钮，创建圆形选区，填充黑色，移动到图层底层，选择文字工具和合适的字体，分别输入"极""优""品""质"的繁体字，每个字在一个图层，方便单独调节，采取同样的方法，输入描述丑柑的特点的"多汁香甜"4个字，作为底层并设计当前图层的半透明效果，如图10-32所示。

图10-32 特点和品质说明

Step 8

创建矩形选区，打开另外的素材图像，按【Ctrl】+【A】组合键，执行"全选"操作，按【F3】键，执行"复制"操作，返回有选区的当前文件，执行【编辑】/【选择性粘贴】/【贴入】操作，按【Ctrl】+【T】组合键，进行"自由变换"操作，调整粘贴的图像大小和位置，选择"画笔工具"，使用2像素宽度绘制直线，生成底部页面内容，如图10-33所示。

图10-33 第一屏

Step 9

导入丑柑背景素材，调整宽度和高度尺寸，新建图层，创建矩形选区，填充桔红色，更改当前图层不透明度为70%，依次输入产品名称、产品产地、口感特点、种植环境、储存方法和保鲜期等相关信息，使用"画笔工具"，绘制"虚线"，生成第二屏效果，如图10-34所示。

图10-34 第二屏内容

Step 10

导入素材背景图像，新建图层，填充灰黑色，设置当前图层不透明度为50%，使用形状工具，绘制圆角路径，按【Ctrl】+【Enter】组合键，转换为选区，将另外的素材文件通过"贴入"的方式粘贴到当前选区，调整大小和位置，填充一半区域，输入产品特点的详细描述，如图10-35所示。

图10-35 第三屏

Step *11*

输入介绍丑柑来源的文字内容，进行配图，介绍丑柑的不同名称，为广大浏览者介绍其来源等信息，生成第四屏页面内容，如图10-36所示。

图10-36 第四屏图文

Step *12*

输入具有独到之处的文案，导入背景素材图像，创建矩形选区，执行【编辑】/【描边】命令，进行宽度为1个像素的描边操作，新建图层，创建正方形选区，同样进行宽度为1个像素的"描边"操作，删除一半区域，按住【Alt】键的同时，进行"复制"操作，生成另外的三个角，将四个角所在的图层进行"合并图层"操作，将其置于同一个图层，输入说明信息，如图10-37所示。

图10-37 第五屏

Step *13*

在左下角创建正方形选区，填充橘红色【RGB（255，155，0）】，创建矩形选区，执行【选择】/【修改】/【边界】命令，进行宽度为2个像素的边界操作，按【Delete】键，删除选区部分，输入"丑"字，调整位置，如图10-38所示。

图10-38 输入备注文字

Step *14*

采用类似的方法，导入背景图像，添加具有独到之处的说明文案，生成相应效果，如图10-39所示。

图10-39 其他页面信息

Step *15*

导入背景图像，导入圆形半透明图形，输入各种营养成分名称，新建图层；填充白色，设置当前图层不透明度为40%，输入说明信息，如图10-40所示。

图10-40 营养成分说明

Step *16*

导入单个产品图像，设计产品规格等内容，如图10-41所示。

图10-41 丑柑特点和规格说明

Step *17*

输入当前商品的其他食用方法和介绍，如图10-42所示。

图10-42 食用方法说明

Step *18*

最后，输入物流等基本信息，新建图层，创建选区，填充橘红色【RGB（255，155，0）】，使用白色输入"运输破损 坏果包赔"等字样，创建圆形选区，填充橘红色，创建圆形路径，设置笔刷样式，执行"描边路径"操作，输入物流基本信息，如图10-43所示。

图10-43 物流信息说明

10.3 实战演练

1. 扫码下载素材，进行宝贝详情页设计练习

最终效果如图10-44所示。

图10-44 宝贝详情页设计

📝 **实战案例**

扫码下载素材，进行宝贝详情页设计练习

要求宽度为750像素。素材所在位置：

第10章/练习1.jpg

92.宝贝详情页设计

2. 扫码下载素材，进行超市DM设计练习

最终效果如图10-45所示。

图10-45 超市DM设计

📝 **实战案例**

扫码下载素材，进行超市DM设计练习

素材所在位置：

第10章/练习2.psd

93.超市DM设计

【photoshop 快捷键大全】

帮助	F1
剪切	F2
拷贝	F3
粘贴	F4
隐藏 / 显示画笔面板	F5
隐藏 / 显示颜色面板	F6
隐藏 / 显示图层面板	F7
隐藏 / 显示信息面板	F8
隐藏 / 显示动作面板	F9
恢复	F12
填充	Shift+F5
羽化	Shift+F6
隐藏选定区域	Ctrl+H
取消选定区域	Ctrl+D
关闭文件	Ctrl+W

工具栏操作

矩形、椭圆选框工具	【M】
裁剪工具	【C】
移动工具	【V】
套索、多边形套索、磁性套索	【L】
魔棒工具	【W】
喷枪工具	【J】
画笔工具	【B】
橡皮图章、图案图章	【S】
历史记录画笔工具	【Y】
橡皮擦工具	【E】
铅笔、直线工具	【N】
模糊、锐化、涂抹工具	【R】
减淡、加深、海棉工具	【O】
钢笔、自由钢笔、磁性钢笔	【P】
添加锚点工具	【+】
删除锚点工具	【–】
直接选取工具	【A】
文字、文字蒙板、直排文字、直排文字蒙板	【T】
度量工具	【U】
直线渐变、径向渐变、对称渐变、角度渐变、菱形渐变	【G】
油漆桶工具	【K】
吸管、颜色取样器	【I】

抓手工具	【H】
缩放工具	【Z】
默认前景色和背景色	【D】
切换前景色和背景色	【X】
切换标准模式和快速蒙板模式	【Q】
标准屏幕模式、带有菜单栏的全屏模式、全屏模式	【F】
临时使用移动工具	【Ctrl】
临时使用吸色工具	【Alt】
临时使用抓手工具	【空格】

图像调整

调整色阶	【Ctrl】+【L】
自动调整色阶	【Ctrl】+【Shift】+【L】
打开"曲线调整"对话框	【Ctrl】+【M】
打开"色彩平衡"对话框	【Ctrl】+【B】
打开"色相 / 饱和度"对话框	【Ctrl】+【U】
去色	【Ctrl】+【Shift】+【U】
反相	【Ctrl】+【I】
通过拷贝建立一个图层	【Ctrl】+【J】
通过剪切建立一个图层	【Ctrl】+【Shift】+【J】
与前一图层编组	【Ctrl】+【G】
取消编组	【Ctrl】+【Shift】+【G】
向下合并或合并联接图层	【Ctrl】+【E】
合并可见图层	【Ctrl】+【Shift】+【E】
盖印可见图层	【Ctrl】+【Alt】+【Shift】+【E】

选择

全部选取	【Ctrl】+【A】
重新选择	【Ctrl】+【Shift】+【D】
羽化选择	【Ctrl】+【Alt】+【D】
反向选择	【Ctrl】+【Shift】+【I】
载入选区	【Ctrl】+点按图层、路径、通道面板中的缩略图
按上次的参数再做一次上次的滤镜	【Ctrl】+【F】
退去上次所做滤镜的效果	【Ctrl】+【Shift】+【F】
重复上次所做的滤镜（可调参数）	【Ctrl】+【Alt】+【F】